放弃很容易，但坚持更酷

七月 著

中国友谊出版公司

不凡

我们看到的那些不凡，
其实都是从接地气的平凡开始的。

迷茫

很多人迷茫，
是因为根本不知道自己在迷茫什么。
只有找到了自己迷茫的根源，才能快、准、狠地解决它。

你可以蔑视那些所谓标配的生活，但是你一定要有过上标配生活的能力，这样活在这个世界上，才能不犯怵，不低人一等。

能力

生活在这个世界上，你什么都不要怕。
因为到最后，你会发现：
当你战胜了自己，就能够战胜一切。

勇敢

人的欲望，只能自己来填，
当你为了自己的欲望拼命努力的时候，
就别觉得委屈辛苦。
你想活成极少数的前提是，你必须先活成大多数。

努力

决心

这是一个急功近利的时代，但也是一个简单粗暴的时代。只要你想去做，很少有做不成的事。凡是做不成的，大多也都是因为你的决心和付出还不够。

柔软

不管年岁如何流转，人事如何变迁，
只要你还在感动，还有泪可流，你就美得不可方物。

我用10年才变成自己喜欢的样子

在实现自己野心与理想的路上，我们将要做出的努力与付出，和将要历经的曲折与艰苦，总是远远超出我们的预想。这是在我成熟以后，才明白的事情。

很多时候，我们并不是不能吃苦，也不是害怕付出，我们怕的只是，现实总与我们的期待不符。每当这种情况出现的时候，我们会觉得异常委屈和痛苦，我们会情不自禁地问："为什么我们那么努力了，还是没有得到自己想要的结果？"

可是，在我19岁孤身一人北上，摸爬滚打到10年后的今天，我才幡然醒悟，为了变成自己喜欢的样子、为了过上自己想要的生活，我已经努力与付出了10年。

直至10年后的今天，作为一个从远方漂泊而来、少不更事的女孩，才终于在北京这座城市挺直腰板活着。那些孤身到陌生繁华都市打拼的血泪史，我也都经历过，可是今天我想说的并不仅仅是这些，还想发自肺腑地告诉每一个逐梦的年轻人：

想要过上自己想要的生活，想要变成自己喜欢的样子，可能需要很久，很久。你必须做好准备。

一、你所受的苦，在短时间内，无法知道它值不值得

这10年来，我就是那种没有背景，没有后台，没有优渥条件，全凭自己一口气拼命死撑到今天的女孩。作为一个这样的女孩，我的人生路必定不会一帆风顺，必定历经艰苦。

可是年轻的时候，我不这么想。

在我读大学极度缺钱，吃不上饭的时候，我也怨恨过不争气的父母。不是要像富二代一样锦衣玉食，起码想让作为我的父母的他们，可以保我衣食无忧。

在我因为缺钱辞掉我喜欢的第一份实习工作的时候，我号啕大哭足足两站地，我回到出租屋，扑进父亲的怀里，问他："我什么时候才能够不缺钱，做自己喜欢的事？"

在我被朋友出卖、被老板辞退，因为钱包被偷，买不起一份炒饼的时候，我坐在马路边痛哭了一个多小时。那个时候的我，才20岁出头啊，我又怎么会想到，当年我脑门儿一热非要来北京，会经历这样的事情呢。

在我月薪只有2000元的时候，我满心想的是，什么时候赚

到在老家买房的首付款，回家买房，全身而退。

在我身无分文，前途未卜，我特别特别喜欢的那个男孩，跟别的女生恋爱、结婚、成家的时候，我万念俱灰，伤心欲绝。

在我第一次坐领导的车不会系安全带遭到鄙视的时候；在我第一次同明星见面不会正确喝红酒羞得满脸通红的时候；在我咬牙花了500元买了一件自己心仪已久的大衣不敢回家，担心被我亲姐骂的时候……这些时刻，所给予我的钻心的痛苦，远比其他任何时候要多。

在经历这些曲折的时候，我还未曾有过“这些是我必经的过程”的大彻大悟。

相反，在这艰难的时光里，我萌生过无数次的退意。大概在我刚毕业的那两三年，甚至是从当下往前推的三四年前，我都想过是否要离开北京，选择一个更舒适的城市生活。

我不是怕苦，我是怕这一切的坚持不值得。

我不是怕失败，我是怕即便我很努力了，也过不上自己想要的生活。

努力了3年、5年、7年后，为何我依然空空如也?

如果不是从19岁坚持到近30岁，如果不是等到亲眼所见自己的努力开了花，结了果，我不会知道，自己所承受的那些辛苦，是否值得。

只有当我坚持的时间被无限地拉长，拉出 5 年、10 年的光景之后，在回忆过去的时候，我才能够彻彻底底地感受到，过去这些年的辛苦与付出，真的都很值得。

二、我并不聪明，也没什么天赋，我只是不放弃

我的运气特别差。

毕业的时候我以为自己会写文章，读过几本书，一身才华，进入社会之后应该会一展宏图，大干一场。可是在身边的朋友同学都各有去处，混得有模有样的时候，我还在反复辞职、跳槽，寻个温饱体面的工作。

刚赚了一点钱，想给从小抚养我长大的奶奶一点回报的时候，才没几个月，她就丝毫不顾及我的留恋，彻底离开了人世，离开了我。

我刚拿到第一笔稿费，咬牙带着钱，去北大口腔医院做了牙齿矫正的时候，我喜欢的男孩跟别人结婚了。

呵呵……在我很多次这样不走运之后，我知道，这辈子我只能靠自己了。我只能一步一个脚印地走向我想去的那个终点。

直到今天，我依然可以很坦诚地说，我没什么天赋，也绝对不是一个聪明的女孩，我变成今天的样子，有人羡慕，也受到过他人褒奖，这都只不过是因为我比其他人踏实努力而已。

我不聪明，并不是说我很笨。那么多年，见过了那么多人，其实会发现，大家智商都相差无几，不过是谁努力了十分，谁努力了一分，造成的不同结果而已。

是的，我想要告诉你的是，如果你也同我一样，没有背景，没有过硬的后台，没有美貌，没有天赋，你可能要像我一样努力 10 年才会变成更好的人，你会怕吗？

三、不过是“坚持”二字，让我变成了今天美好的样子

在父母眼里，我曾是与老家隔壁已经结婚生子在外打工糊口养娃的女生并没有任何不同。他们最大的期望，无非就是在我毕业之后，找个不错的男生嫁了，结婚生子安然一生，也从未想让我有其他什么更大的出息。

在同学朋友眼里，我不过也就是一个相貌平平、资质一般的平常姑娘，谁都不会高看我一眼，谁也不会觉得我有何不同。

曾经有好感的男生，可能发现了我对他有好感，觍着脸来找我，让我自掏腰包请他吃饭，至今想起来仍然恶心不已。

曾经朋友介绍认识的男生，因为我的牙齿不整齐就觉得我输他一筹，每天趾高气扬地来见我，至今回忆起也依然反感至极。

可是当我摇身一变，摘掉了牙套，穿上了高跟鞋，升了职位，做了主编的时候，这些隔三岔五想跟我插科打诨的人，早已经被我拉进了黑名单。

当然不是因为我变好了，就可以反过来以高姿态去低看他们，只是我现在的生活圈子，和他们再无任何瓜葛，留之无用。

记得我遇见现在的男朋友的时候，我发过一条微博动态，我说，吃过的那些苦，在遇见你的后来，都懒得说了。

不是因为我和男朋友有隔阂，而是因为我不再去诉说什么。因为走到今天，每年每月每天跟各行各业优秀的人打交道，会亲眼看到，谁都吃过苦，谁都在吃苦。即便天赋异禀，家财万贯的人，依然活得疲惫不堪。

可是，不是每个人都能坚持走到这样的一天，有机会对生活做出这样一番总结。

大多数的人，走着走着就认了，就退了，就不想再坚持了。

这几年我的工作室招聘过好几个年轻又聪明、学历好长相好、脑子机灵的年轻人，可是他们大都撑不到第二年。懒懒散散，一无所成，一年后，他们就会选择放弃。

路当然有很多条，只是你选了哪条路，就要坚持走下去。

大学时的当代文学课老师，是一个上了年纪的教授，曾经非常坦诚地跟我们说，很多事情，只要你坚持走下去，最后都会获得成功。

那个时候，我们年少不自知，虽然少有人听进去了他这句话，但我却一直记得。

可能你要问我，坚持那么多年，有用吗，值得吗？

我想说的是，当你突然有一天凭借自己的能力，生活和那些天生好命的人相差无几的时候；当你比曾经优秀你很多的同学朋友活得还要体面的时候；当你比那些曾经没坚持住跑回了老家转了行换了城市的人过得要安稳好几倍，踏实好几倍，优越好几倍的时候……你就会觉得，一切都值得。

作为一个专业图书出版人，我非常了解当下的图书市场。我知道读者们，鸡汤早就看多了，也不再想喝了。即便喝起来，也觉得索然无味了。

那么，我想，也许你可以实际一点，先自己去赚回人生第一笔保你衣食无忧的收入看一看。当你可以买得起自己想要的包包，穿得起自己想穿的名牌，去超市不用担心价格，出去旅行不用过多考虑打折机票，买房、买车这些事情也并不难办的时候，也许你会很实际地感受到，你所有的坚持，很值得。

最后，我想跟你们分享的是：

这个世界对优秀的人要求很严格，它不仅需要你经济独立，还需要你活得体面；不仅需要你努力，还需要你勤奋；不仅需要你温柔，还需要你价值观坚定；不仅需要你创造一番成就，还需要你不要妄想躺在已有的成就上坐吃山空……

在逐梦的路上，长久的坚持，是一场比你们预期要长得多的持久战。

也许你并不聪明，并无天赋，没有好看的皮囊，也无有趣的灵魂，只要你坚持不放弃，无非是他人天生拥有，或者他人比你先拥有，你或早或晚也会拥有罢了。

有人说："人生，失败不是结局，认输才是。"

我想说："人生，放弃更容易，但坚持更酷。"

此生，愿我们读很多书，赚很多钱，去很多地方，狠狠爱过一个人，重重地摔过跟头，继而头也不回地向前走……最后，成为一个很酷的男孩或女孩。

总结：

1. 如果想在一个城市站稳脚跟，建议先选择一个适合自己的行业与平台，静下心来，多学多做，至少坚持三年。当你成功一小步的时候，你成功的一大步，也会随之开始。

2. 想要有趣的灵魂就多读书、多上路；想要自信的外表，就多赚钱，去变美！当下已经是一个开放多元化的时代，读书和见识改变气质，钱则可以解决人生当中90%以上的烦恼。

3. 无论何时，请务必保持一颗善良真诚的心，在未来的人生路上，它可能是你唯一的救命稻草。

4. 耐心等待。越是在这样一个速成的时代，越要学会耐心等待。我们大部分的焦虑，只是来自我们太心急。如果10年可以变成自己想要的样子，等它10年又有何妨？难道你要荒废一辈子？

目　录

第一章

个人升级
当你原地踏步，就是在退步

第二章

有效社交

你不必刻意融入圈子

第三章

认识爱情

优秀的人自会遇见优秀的灵魂

第四章

拥抱自我

人生忽如寄，抱紧眼前人

第一章　个人升级

当你原地踏步，就是在退步

找到自己的人生底线：
可以进，可以退，但千万不要不进不退。
做一个普通人会很幸福，做一个优秀的人也会幸福，
唯有高不成低不就的人，人生会比较难过。

职场生涯的第一步都很艰难

很多人变得心硬了，

不是因为冷漠，而是因为经历得太多了。

◎

曾经面试过一个姑娘，她在正式面试之前，加了我的微信，跟我聊过几次。她读的学校在重庆，但毕业后非常想来北京闯荡，尤其是希望能来我们公司实习。她说，只要给她机会，马上可以动身从重庆坐高铁来北京面试。

过了几天，我在公司见到她，谈话间看得出来她读过不少书，也很有想法，总体来说，还算不错。只是公司严格把控产品经理的名额，最终还是没有录用她。

我可以想象到，当她接到人力部门婉拒电话之后的沮丧。不远千里跑到北京，一心想要去一家公司实习，最后却没有被录用，这对她来说，肯定是个不小的打击。

后来我发微信给她："你是一个很好的姑娘，不管有没有被录用，都希望你以后能够继续加油。"

我是一个特别感性的人，这可能也是因为我不够成熟、理性。我会想，如果这个人还不错，那么是不是应该给她一个机会？我会想，如果在一个人最开始满腔热血想要努力奋斗的时候，就被泼了一盆冷水，她会不会从此失去自信心？在这些纠结和胡思乱想里，我很佩服公司领导的杀伐决断。

前几天和直属领导一起劝说一个同事转岗，同事开始是强忍着，后来实在忍不住就哭了出来。晚上一起吃饭的时候她也哭了几次。在没有跟她吃饭之前，我以为我也会哭的，会哭着告诉她：这没什么，你还要继续加油。

而晚饭间，我除了不停地给她传递要有信心、继续加油之外，我没有陪着她流眼泪。我还告诉她："有一天当你成为一个比现在优秀很多的人时，再回头看今天，你就会发现，这只不过是你职业生涯里迈出的第一步而已。"

曾经我作为职场新人，在第一家公司工作的时候，也一样因为面临一些困难和挫折，感到沮丧、绝望、纠结。有一次公司领导当着全公司同事的面痛批我出版的书，领导一一标出了18处错误，逐条批评，让全公司的同事引以为戒。

那个时候我恨不得钻进地缝里，只听见旁边的老员工跟我说："没事的，七月，这次错了，以后就知道了，下次就不会再错了。"

在此之前，我还没接触过图书出版。此前对开本大小、方书脊、圆书脊、勒口宽窄、字体字号，这些图书的基本常识都不了解。虽然那本书是套系书，只需要参考之前做过的其他书的封面就可以，我却把书封面上的字号、字体全弄错了，有的是字号太大，有的是字体太细，圆书脊做成了方书脊，等等。

后来我把那本标了18处错误的书放在工位上，警醒自己，以后不能再犯同样的错误。

现在回想，那个时候以为的天塌地陷，也不过就是职业生涯里的一小步而已。相比在后来我工作中遇见的挫折和难题，它真的不算什么。

包括现在，我依然需要不停地去突破自己，面对很多自己未曾面对的难题，绞尽脑汁地去解决它们。

我跟领导说，转岗对一个人来说，打击不小，这意味着个人的能力没有得到肯定。领导是一个雷厉风行的人，他说："这算什么，年轻的时候，谁没受到过挫折。"

后来另一个领导也说："所有现在优秀的人，都是煎熬出来的。"

那一刻我突然明白，**很多人变得心硬了，不是因为冷漠，而是因为经历得太多了。你的悲痛欲绝，早已成为他们的司空见惯。在自己同样受过很多次伤以后，你也能跟他们一样，做一个不哭的大人，跟比你脆弱的人说："别哭了，都会过去的，有一天，你回头看现在，其实只是人生中的一小步而已。"**

◎

这让我想起自己大四实习时的第一份工作，被公司小心眼儿的主管辞退，在那天被辞退回家的公交车上，钱包也被偷了。我坐在天通苑北五环外的马路上，痛哭流涕。我是一个那么要强的人，却被一个招我进公司又觉得我被老板重视了的主管辞退了，内心满是委屈和绝望。

除了自尊心之外，接下来的房租、生活费，也让我不知道该怎么办。

当我擦干眼泪，强装坚强回家的时候，在路边摊买素炒饼付钱时，却发现自己的钱包被偷了。

人要惨的时候，只会更惨。

那段时间我怀疑过自己，因为很长一段时间，我没有找到适合自己的工作。

我怀疑自己是否不够优秀，我怀疑自己是否真的没有什么能力。

直到今天，当我再回头看的时候，我不得不说，那只是我工作生涯里的第一步而已。当时大四实习没有经验，又不想靠家里接济，靠自己打拼自然是要吃苦受罪的。记得当时跟丹丹（我姐姐）说，如果我们两个人的工资加起来有 6000 元就好了，那样我们除去房租、生活费之外，还可以过得不错。

慢慢地，我们两个人的收入开始涨了，直到现在，已经跟当初想要的 6000 元拉开了很大的距离。

人生是没有绝路的，有时候你以为自己被逼到了绝境，可后来发现，只要你有勇气一路披荆斩棘，就会走在变得越来越好的路上。

◎

生活是分阶段的，职业生涯也是一样。万事开头难，在刚开始的时候遇到挫折，我们还没有成熟的心智去应对这个世界的刁难，可那也是我们最有勇气、最有抱负的时候。

只要没被打倒，你就会以一个成熟的、焕然一新的面目爬起来。

走到今天我也历经挫折，我相信那些有所成就的人也是一样。包括我签约的非常有名的作家也好，非常有钱的作者也好，没有一个人的人生是十足轻松的。

就拿最近在合作的作家刘墉来说，他 9 岁丧父，13 岁家中失火，自己和母亲住在临时搭建的草棚里，17 岁又因为肺结核休学一年。这些对一个人的打击还不够大吗?

那一场大火，不仅失去了他当时的住所，也失去了他最爱的一只白猫。他去毁掉的房子里找了几天白猫，都没有找到。并且他将当时珍贵的集邮册暂时交给一家人保管，后来他去那家人那里取集邮册，反而被问：“你们什么时候交过来的？”

和刘墉比起来，我被辞退，被偷钱包，付不起房租，吃不起饭，也不算是最惨的吧。

那种自己一无所有之后，还遭到了落井下石的心情，我想我们多少都能够体会。

可是后来呢，后来的刘墉 19 岁拿大奖，24 岁出版《萤窗小语》，声名大噪，成为驻美国艺术馆的画家，定居美国。一生著作无数，捐建三十多所希望小学。

他称自己是一个“浴火少年”。

是啊，杀不死你的东西，只会让你变得更强。

在经历了那么多挫折和打击后的今天，我非常坚定地相信，年轻的人生，没有绝路。不管你经历过什么，你在做什么，你是谁，只要不放弃，这世界就会给你让出一条路来。

• • •

总结：

1.默念“逃生”法则：每当觉得自己经历的事情“惨绝人寰”，自己已经绝望透顶的时候，要在心里提醒自己，“我的人生并不是最惨的”，这些艰难都是暂时的，所有事情都有解决的途径。

2.培养自己遇到问题去解决的习惯；遇到困难，迎头面对的勇士精神，会让自己快速成长。当你解决了一个又一个问题，挑战了一个又一个难关之后，你就会发现自己的人生就像是打怪升级，你在不断“打怪”的过程中，已经在不知不觉间增加了人生经验值和战斗力。

3. 在心里把自己定位成一个优秀的人，因为优秀的人，不会让“放弃”出现在自己的人生字典里，并且他们还喜欢挑战未知。学会不放弃，是我们成为优秀的人要去做到的一小步，主动去挑战困难和未知，获得更多的成就感，才是优秀的人真正应该拥有的能力。

趁还年少气盛，多努力一些吧

失败要有，成功也要有。
因为刚上路奋力拼杀的我们，不能一直受挫、失败，
否则自己的自信和抱负，就会慢慢地被全部磨灭。

◎

2015 年 7 月，我入职现在的这家图书公司，当时职位是中级产品经理。到 2017 年 6 月底的时候，我完成了高级产品经理的考核任务，升职做了主编，成立了自己的工作室。

两年，从中级产品经理到主编，非常辛苦，身心俱疲。

两年里，整夜整夜地焦虑和失眠。

记得有一天晚上，我头痛欲裂，到凌晨三四点才睡，一大早又起来去公司忙工作，忙得午饭都没有时间吃，当天下午两点又赶到西直门见作者，喝了三杯咖啡。当时手机没电，又打不到车，只好坐地铁回家。那正是北京夏天最热的时候，坐在地铁里，人多，肚子里又没食物，整个人心慌手抖，差点晕倒在地铁里。

那一次，我回到家问自己："我可怜吗？我惨吗？"

可我想自己还有更惨的时候：

●去别墅区见作者，正是生理期，硬着头皮喝了作者递过来的凉茶，出门之后忍痛走了两站地没找到卫生间；

●坐了近两个小时的地铁去见作者，烈日炎炎，在作者家里待了 5 分钟就被请出门，坐在作者小区的台阶上歇 10 分钟，再坐两个小时的地铁回公司上班；

●帮客户买票回家，从早上 5 点，在北京站与北京西站之间一天来回折腾三次，自己对着地铁轨道泪流满面；

●独自一人去陌生城市出差，住在自建的公寓房间里，晚上不敢睡觉，上锁，用椅子挡着门，打开所有的灯，等到天亮才敢闭眼；

…………

两年里，我已经记不清有多少次，自己回到家就躺在床上，一动不动，不吃饭不说话，从默默流泪到号啕大哭。

两年里，有时候我也怀疑自己，为什么我努力了，奋斗了，尽了全力，可还是达不到自己内心期望的目标？

两年里，身边所有人都说我太拼了，亲人们都劝我工作不要太累了，给自己一些放松的时间。甚至在第二年我谈恋爱的时候，男朋友也经常问我能不能抽出一点时间陪他。

◎

刚毕业的时候，我住在北五环外的一间隔断里，朝不保夕，刷信用卡、借钱，以维持生存。

为了找到一份像样的工作，我试过很多方法。

比如，去面试自己不熟悉，但是规模很大能赚很多钱的公司——迅雷、优酷、美团。

比如，去面试自己非常想去，且当时非常牛的门户网站做编辑——新浪、搜狐、网易、腾讯。

在以上这些公司的尝试逐一失败之后，我又开始妥协，要不就去赚钱没那么多，自己稍微擅长一点的公司试试。

比如，开心麻花的文案编辑。

比如，团购公司的新媒体运营。

因为对自己的否定，我开始像一只无头苍蝇一样满北京地去找工作，我忘记了自己擅长的是什么，我的优点是什么，包括我最初想要做什么，全都忘得一干二净。我的目的只有一个，那就是去一个体面的公司，赚多一点钱，超越那些比我差却混得比我好的同学。

但是以上所有的尝试，最终都失败了。

我忘记了自己的理想是什么，开始为了钱而东奔西跑。直到兜兜转转我做了图书编辑。

当时那家图书公司也是国内民营图书公司榜上有名的，第一年我几乎跑遍了北京东西南北城区的咖啡馆，见作者，约稿，一周五天上班时间，我几乎三四天都在外面跑。功夫不负有心人，第一年我完成了他们都没想到的业绩，升了主管。直到第二年我的工资才超过了当时我想超越的那几个同学。

◎

也就是在那一年，虽然辛苦又疲惫，但我找回了自己的信心，也找回了自己的理想。也就是在那一年，我发现自己迷失了大半年，为了生存和金钱，差点把自己弄成一个废物。

它给我的教训是，人真的不能失落太久、失败太多，否则一个人的自信和抱负，全会被失败打击得一干二净。你会怀疑自己，你会觉得自己不行，直至被彻底摧毁。

五月天的歌里不是唱过，“我不怕万人阻挡，就怕自己投降”。

别人认为你不行，没什么，如果你都认为自己不行，那才是真的废掉了。

我可以用三四年，或者更长的时间，去完成一个主编的考核任务，不用像现在那么拼命，非要用两年的时间，去完成考核，升为主编，成立工作室。

只是我担心在慢悠悠的时光里，会让我怀疑自己：

“我是不是不够优秀？”

“我是不是真的没有别人那么聪明？”

“比我年纪小的同事已经年薪百万了，我是怎么混到今天的？”

再者，我不想浪费自己的时间。每过一年意味着我年轻的盛气凌人又消失了一些，每过一年意味着我还要收着自尊心生活，每过一年意味着我又多了一些怀疑自己的时间。

所以，能用两年的时间去完成的事情，我绝不要用更长的时间去完成。

事实证明，我做到了，完成了自己定下的目标，并且在这两年里，我学完了日语初级，学完了中级摄影，谈了恋爱，住到了两室一厅的房子里，有了存款。

这让我对自己有了信心，原来我不比别人差多少，如果我没那么聪明，那我多学习多用心一点就好了，如果我也想变得跟那些优秀的人一样好，那我像别人一样努力就好了。它让我发现，完成任务没有那么难，就像大学考试一样，你对一本书进行地毯式的复习，记在心里，就没有过不去的考试。

而这些信心全来自我做过，并且我做到了。大学考试，我没有别人那么聪明，那我就死记硬背，多复习，多看书，别人考得过，我也考得过。工作也是一样，我没有别人那么有天赋，那我拼一点，努力一点，不断摸索，我也能够成为自己想成为的人。

可是如果没做过或者没做到会怎么样呢？

在我拼命的这两年里，有一个同学突然跟我说他要离开北京了。

他的家庭条件比我好，租房子父母出钱，生活费父母接济，他工作赚的钱，只要能养活他自己就好了。不像我那时候，买一针一线的钱，都需要自己去赚。

我印象里他的工资有五六千，他一个人花销应该没什么问题。

我问他为什么要走，他说觉得待在北京太没有存在感了，自己也快 30 岁了，家里催着结婚生孩子，如果自己一直在北京一个月赚五六千元，那什么时候能够买到北京高价的房子，娶到媳妇？

于是，他毅然决然地离开了北京，放弃了自己北上的初衷。

在工作后的好几年，我才慢慢明白这件事情：趁还年轻的时候，一定要努力努力再努力些。年轻时，如果一年一年没有什么成就，慢慢地就会服老，变得怀疑自己。

你本来觉得可以留在大城市生活，拼得一番美好未来，可是毕业四五年后，一事无成，没有存款，也没有升职加薪，就会怀疑自己是不是真的不行，是不是只能回老家生活。

我不想让自己跟那个离开北京的同学一样，也不想让你们和他一样。

不管你们身在哪个城市，处在哪个行业，刚毕业的那几年，如果能够努力一些，就多努力一些吧。年轻的时候不拼命，什么时候拼呢？

就拿身体来说，上大学的时候，在网吧熬夜打游戏，第二天还可以去上课；现在呢，失眠到凌晨，第二天起来上班整个人都像是废了一样。上大学的时候，可以一口气爬上泰山；现在连香山都爬不上去。上大学的时候，身体健朗；现在工作几年后，不是颈椎有问题，就是腰疼胳膊疼。

年长后，不仅在精气神上少了盛气凌人的冲劲，在体力上，也开始力不从心了。

◎

成立了工作室之后，我曾经想招聘一个 30 多岁的妈妈来公司。

两位领导面试之后，都觉得不可以录用她。

我觉得对方有工作经验，为人也很稳重，也愿意重新学习，为什么不行呢？

领导说，她已经 30 多岁了，一直也没有做过什么突出的成绩，说是重新学，但很难的。人过了 30 岁，气也好像松了一口，和 20 多岁没结婚、没孩子的年轻人完全不一样。

领导说的这段话，一下子戳到了我的心。

如果我过了 30 岁，成了家，有了孩子，我可能还会认真努力地工作，但还有多少精力去拼命工作，真的不好讲。

可能其他人有资格松懈，就像那个离开北京的同学一样，他没有工作的时候，也可以租一个好房子，可以吃饱喝好。而我不同，我的房租、衣食住行，都需要我自己来赚。所以趁年轻，我必须给自己的生活打好底子。

你们也是一样，不管生活有无人接济，家庭好坏，趁还满腔热忱，趁还年少气盛，多尝试、多努力吧，别把自己的自信弄丢了，也别把自己的未来弄丢了，我们都值得拥有更好的生活。

总结：

1. 心态比能力更重要：成功并非易事，你必须从心底里接受这个现实。你只有端正了心态，才能够在遇到挫折的时候，勇往直前。

2. 努力要趁早：从毕业踏入社会，到我们成家立业，就那么几年。这几年宝贵之处在于，它可能会决定我们人生的成败。年轻的时候多去尝试和付出，趁早找到自己的人生舞台，无论以后多大年纪，也依然可以活得热气腾腾。

3. 自己打下的江山坐得最安稳：你吃的苦，走的路，每一笔都将成为你人生的宝贵财富。不因家庭背景而改变，不因配偶能力而转移，不被社会发展所淘汰。

那些奋斗的岁月，会成为你一生的精华

那些奋斗的岁月虽然很辛苦，
却也是最值得骄傲的日子。

◎

平时总觉得北京的生活节奏太快，工作太累，没有幸福感，身心俱疲。身边的朋友也都跟我说：“七月，你别太拼了，要注意身体”“你工作室的事情可以安排新人去做，你也放松一下”。

每当听到这些安慰的话，我也真的非常渴望放松和休息

一下。

尤其在自己脑力、体力都严重超负荷的时候，我很渴望离开北京，去山间走一走，或者回老家休息两周，睡个大觉。

而我为什么一直没有这么做呢？如果我想停下来，想无所事事，应该也不是难事。我可以今天就辞职，明天就买张机票去我想去的城市旅行，或者先回家睡几天，做个废柴。

直到有个周末，我打车去东三环见作者，谈图书合作，路过我曾经学习摄影课的学校。学摄影的时候是夏天，我周末两天都要去上课，时长两个月。

周末早上 8 点起床去上课，下午 6 点下课回家。幸好上课的地方离我住的地方不远，每天早上来不及的时候我会打车去，下午下课的时候，我会骑单车回家。

那天路过学校那条路，我突然看到那个夏天背着沉重的书包（书包里装着单反相机、书、笔记本、镜头、闪光灯），快速地骑着单车往家里飞奔的自己。那时虽然每天上课时常觉得疲惫，但是会因为每天学到了新东西感到非常开心。

这个场景出现在我眼前的时候，我想起了弗洛伊德的那句话："有一天，回首往事的时候，你会觉得那些奋斗的岁月是你一生的精华。"

那些奋斗的岁月虽然很辛苦，却也是最值得骄傲的日子。

在那些日子里，你成就了自己，找到了新的希望，拥有了非比寻常的人生，这些日子自然会变成我们一生中的精华。

就像我回想毕业后的7年，在职场努力拼搏的自己。从一个什么都不懂的职场小白，到现在成为一个拥有7年图书出版经验的高级产品经理，那些为工作提心吊胆、辗转失眠的夜晚，那些奔波在北京街头汗流浃背的日子，那些因为做错事吃了教训难熬的阶段，都成了我人生中最宝贵的时光。

一来，没有那个时候的拼尽全力，就没有现在的我。

二来，人生当中，我们不顾一切去达成一项目标的时候并不多，也许是年少时奋不顾身爱一个人，也许是初出茅庐时不遗余力去实现自己的梦想。也只有这样少数的时刻，让我们闪闪发光。

◎

最近两年因为工作忙碌，中断了日语学习，也是同样的场景，因为工作出门，我路过日语学校附近的环桥。我对那个环桥印象很深，因为第一年去上课的时候，每次走出地铁我都会走错方向，好多次我都是从桥上下了楼梯才发现自己走错了，又爬上去走另一边。有时候时间比较紧张，日语老师又不喜欢学生迟到，那个环桥曾把我弄得焦头烂额。

终于在迷失了很多次方向之后，我可以很准确地找到那个通往我上课学校的楼梯口，出了地铁，径直飞奔下去，往学校跑。

学日语比学摄影要累得多，它不仅需要动脑子，还需要反复练习。

我每周六去上一天课，周五晚上复习，学习日语的时间并不多，所以我在学习初级日语下册的时候开始跟不上课，尤其是因为工作的关系，我有几次没去上课，不懂的内容变得越来越多。

学习初级日语上册的时候，自己信心满满，成绩不错，老师也挺喜欢我。

学习初级日语下册的时候，老师是一个从日本庆应大学回来的研究生，长得挺好看，但是不喜欢我。很忧伤。因为我单词默写很差劲，语法也不太好。

虽然是成人学习，老师对我们也没有硬性的要求。只是自己可怜的自尊心在作祟、在挣扎，工作上游刃有余的自己，在日语学习上还不如那些比自己小很多的在校大学生。

当然我知道，在校大学生比我有更多的时间学习，可是也不能接受自己课上表现太差劲。通常周五晚上写单词写到 2 点多，早上 7 点起床坐地铁去上课。

下午 3 点下课，因为中午只能休息半小时，我通常都没有时间正经地吃饭，午饭都是前一天准备好的面包和牛奶，很快吃完，然后赶紧趴桌子上睡一会儿。

◎

记得有时候我男朋友中午会去学校给我送饭，在隔壁空教室等着我下课。

中午下课时，我会跟他说："先让我睡 10 分钟，再起来吃饭。"

当时就是那么困，那么累！

因为我自己太笨，初级日语上下册，我还去复听了。别人可能一年学完了初级日语，我却花了两年时间。

可是回头想想把自己累到半死的那两年，还是很欢喜的。

当时疲惫而不自知，现在会觉得那个时候的自己，活得既勇敢又充实。

如今也时常希望自己能够停下来，过上躺着也能把钱赚了的日子。

只是我记得，曾经有人对我说："七月，你专注做事情的时候，最像你自己。"

前阵子丹丹说，工作太累，脑力消耗太多，还不如去开个美甲店，或者卖奶茶，赚点不用动脑子的钱。

人可以选择自己喜欢的方式生活，自然也可以选择自己能够接受的行业。如果你选择了开美甲店、卖奶茶，并且能够接受，那每个人都该尊重你的选择。

可还有一种情况是，当生活满足了一定物质基础之后，贪心的人们，还想为自己的生命找一些存在的意义。我做的事情有何意义？我怎样生活才是值得的？

可能我们还远远没有达到钱只是一些数字的阶段，但我们不能不去思考和打算，如果有一天我们真的做到了财务自由，我们还应该做什么，让生命保持热气腾腾？

每当你感到艰难、疲惫的时候，不妨从这种角度出发去问一下自己的心，这段艰难的时光，会不会成为你人生中的精华，又会不会帮你找到人生意义的契机？

•••

总结：

1.当你感到疲惫的时候，说明你正在走上坡路，这句话是真的。你感到辛苦，是因为你一直在进步，每当撑不住的时候，也不妨这样安慰下疲惫的自己。

2.人生需要有一些意义和价值：多去经历，多去创造，希望多年后，我们也会成为有故事可讲的人。

3.拼命奋斗和勇往直前的日子，是我们一生中最幸福的时刻。

你那么拼，还不是因为你穷

人的欲望，只能自己来填，
当你为了自己的欲望拼命努力的时候，
就别觉得委屈辛苦了。

◎

你缺乏什么，就要去弥补什么。比如我缺钱，我就要拼命赚钱；我知识不够，我就要多去读书；我想成为一个瘦子，那我就要少吃，减肥。我们所有的辛苦，都有来路。

因为身体不舒服，请假在家休息了一周。本应该好好休息的我，却从早晨 8 点 30 分的闹铃响起开始，一口气忙到了晚上 11 点多。第二天依然是从早晨 8 点 30 分开始忙，又是忙到了下午 6 点。那时候我觉得很饿，眼睛也很疼。我知道自己不能再这样忙下去了。

我合上电脑，起身找吃的，在客厅里一边吃东西，一边来回走。我想自己为什么会那么忙，忙到连好好睡一觉的时间都没有。

开始的时候，我越想越委屈，如今工作忙到连自己的生活都没有了，好久没有去公园散步，好久没有见过周末的太阳，好久没有放松过，连约饭、看电影都是紧赶慢赶的，完全不能享受其中。

好吧，即便是我喜欢这份工作，即便是为了完成业绩，我是否有必要让自己忙成这样？想来想去，最后得出的结论是：我活该那么忙，谁叫我那么穷呢！

◎

朋友 C 说，非常羡慕我的这股冲劲，觉得我工作特别认真，特别努力。她觉得自己就那样了，能把一份工作做好就行，实在没有更多的精力。我多想沉浸在这样的羡慕里，沾沾自喜一下，可惜现实让我高兴不起来。因为我知道，我那么拼是因为我太缺乏了。

C去年结的婚，老公是北京人，有车有房，有一份稳定又省心的工作。夫妻两个不算富，但想要什么都买得起。两个人感情也很甜蜜，她觉得生活这样子就满足了，不需要多拼命，现在的生活就挺好。只是每次跟我见面，也会跟我唏嘘两句，说她丧失了一些冲劲。

有那么一段时间，我也的确不理解公司里的一些“闲人”，总觉得他们工作不走心，每天都是在瞎混。但我忽略了一点，他们可能根本不需要太拼命，生活就可以过得很好。

一如现在小富即安的朋友C，她的工作就是工作，到点了去上班,下班了就回家,除了工作以外更多的是让自己活得开心，两个人在一起快快乐乐的。可能有些人会觉得，这样的人很不上进。可是，有没有想过，他们不上进是因为你想要的他们已经拥有了？

◎

有时候拼命努力，不过是因为没有退路。

就像我自己，没车、没房、没存款，如果再不比别人努力一些的话，何以改变现状呢？

可能有人说，一定要有车有房才算过得好吗？首先，车房的确是物质生活的标配，除非你一人吃饱，全家不饿。我的朋友S，就是单身。他想得非常明白，独自一人，钱够花，工作稳定，吃穿不愁，就够了。没有女朋友，没有要在北京买房买车的必要，自然没有压力。

但是，当你有了男女朋友，有结婚的打算，想在一个城市扎根安定下来，这个时候，物质需求自然会变大，而堆在我们面前的第一座大山就是房（小城市还好，北上广的买房压力，的确是很多年轻人难以承受的）。房子买完了，还要买车，买完了房和车，还要生娃养娃……

当然不排除另一种情况，两个在一起的人想得特别开，在买房这件事情上达成了共识。只是在北京这样的城市工作，以后未必在这里生活。赚够了钱就卷铺盖走人，找个有山有水的地方，逍遥快活。

这个时候，北京高价的房子问题就解决了，那么接下来问题来了，你们离开北京以后，花了上百万买了套房子，又花了十几万买辆车，之后生娃养娃、生活是不是就不需要钱了？

现实是，不管你在哪里生活，其实都是要有足够的物质基础的。

女作家苏芩说：“优秀是一件很累的事，不是每个人都想变得优秀。”所以在这里我绝不是让大家都一定要变得多优秀，我说的仅仅是我们基本的物质需求。

◎

我个人的想法是，可以不在北京买房，但要有买得起的能力。也就是说可以没有不动产，但要有足够自己快乐生活的存款。

这也是为什么我会忙得像狗一样。

如果我跟朋友 C 一样，已经越过了基本的物质水平线，我可能不会让自己那么累、那么忙。

其间累哭过几回，总觉得委屈死了，难过死了。后来想明白了，自己硬件不如别人，吃苦受罪就是必经的过程，别人不工作、不努力、不拼命，可以一年到头欧洲、日本、新加坡到处飞，去吃各地美食，去看各个国家的风景，我就必须拼命工作，努力赚钱，把基本的物质需求解决了，才能舒心地过日子。否则，现在自己的月工资也能养活自己了，还有什么好拼的！

所以，亲爱的“穷人”们，别逃避了，除了努力改变，我们真的没有其他选择。

还有那些不仅想让自己过得好，还想让家人也过得好的小伙伴，除了努力，更别废话了。谁让你又想在北京给自己买套房，又想在老家给父母买套房呢？人的欲望，只能自己来填，当你为了自己的欲望拼命努力的时候，就别觉得委屈辛苦。

埋头苦干，用最短的时间解决这些问题，才是第一要务。只有解决它，我们才能过上轻松一点的生活。有句话不是说："不想苦一辈子，必须苦一阵子。"

◎

不是说人一定要有很多钱，只是人真的不能活得太贫瘠。

贫瘠得没有生活，没有自我，只是活着。

哲学家周国平老师也说："人首先要解决温饱问题，再谈梦想。"

认识一对小情侣，觉得北京房租贵，在天津租房子住。每天从天津到北京来回上下班。现在从天津到北京的确也算方便，半小时高铁就能到，但这种生活我真的过不了。

想当年我每个月工资不到3000元的时候，因为撑不住每天要站一个半小时的地铁上班，硬着头皮把住的房子从北五环外搬到了北三环，房租当然翻倍了，可上班只需20分钟，我再也不用早起挤地铁，站到腿疼了。

我只想住在离公司不太远的地方，让糟心的上班之路稍微缩短一点、舒心一点，省下的时间和精力可以去做更多的事。

已经怀了孕的女同事，每天挺着大肚子坐一个多小时的地铁来上班，我看着都害怕。住在合租的房子里，上个厕所都要排队等半天，憋到肚子疼。这样的生活的确也能过，只是我过不了，也不想过。

◎

一个人想过什么样的生活，就要付出什么样的代价。

我的想法向来是赚更多的钱，去住大房子，而不是因为大房子贵，省钱去住又远又小的房子。

我知道自己不是个省油的灯，吃不了那样的苦，受不了那样的罪，所以我必须为自己想要过得好一点的生活买单。

父母不会给我钱，天上也不会掉馅饼，那我只能自己努力，只能自己去赚钱。

你可以蔑视那些所谓标配的生活，但是你一定要有足够过上标配生活的能力，这样活在这个世界上，才能不犯怵，不低人一等。

当然你可以放弃，选择稳定不累的工作、悠闲自在的日子，只要你喜欢。

只是在家人生病没钱做手术的时候，别怪自己无能；只是别人可以买名牌包包、穿名牌衣服的时候，别怨自己为什么买不起。

如果你认清了自己，并心甘情愿地过现在的生活，那么以上所有全是废话。

总结：

1. 为自己的野心买单：你想要过优渥的生活，想穿大牌衣服，背名牌包包，想开豪车，买大房子，这些都是你的欲望和野心，它们本身没什么好坏。只是你要为你的这些欲望埋单。如果你不是富二代，不是走狗屎运发了一笔横财，那你就要付出比常人更多的努力。看清这个问题的本质，我们的困扰会少很多。

2. 能力比金钱更重要：你要拥有的不是北上广的房子，而是能够在北上广这些城市买得起房的能力。房子、车子、生活水平的高低，都是你个人能力的体现。与其迷醉于物欲，不如尽快提升自己的个人能力。

写给工资低、任务重、压力大的职场新人们

如何选择一份适合自己的工作?
如何在工作中游刃有余?
如何从职场小白迅速成长为职场精英?
作为职场小白，你需要知道几件事。

◎

去年我在公司成立了自己的工作室，开始带团队。看到新人们工资低、任务重、压力大的时候，我经常会反思，这份工作对于职场新人来说，值得做的意义到底在哪里。

最近面试了两个新人，一个工作了两年，一个刚刚踏出学校大门。

工作了两年，有点经验的，在想要高工资和做自己喜欢的工作之间举棋不定。

刚毕业，没有工作经验的，在自己到底适合做什么，要找什么样的工作的问题上，迷茫无措。

出于这些原因，我认真回忆了下自己刚毕业时的情景，试图去找自己一路走来坚持不懈的原因。有几点心得，和大家分享一下。

◎

1. 兴趣爱好是职业的第一步

因为自己一直喜欢读书，写文章，在学校开始实习的时候，就希望能找一份跟文字打交道的工作，那时我还没想过做图书编辑，觉得做文案编辑、杂志社编辑、网站编辑都是自己的职业可选项。

第一份实习工作是在北京一个非常偏远的文学杂志社做编辑，每天筛选五六百封投稿邮件，负责选稿和文字校对工作。刚开始做得很起劲，早晨起来读英语，白天拼命工作，晚上回去读自己喜欢的书。两个月之后，发现工作只是日复一日的重复，工资短期之内不会有什么增长，可供自己学习的空间也很有限，未来前途渺茫。当时有一种“庙小容不下自己这尊佛”的感触，爽快离职。

误打误撞去了当时某家还不错的图书公司做编辑，试用期没有五险一金，工资 2500 元，到手的工资 2000 元左右。当时跟着一位老师做《胡适文集》，他只教我怎么用 Word 分大小标题，做文字校对，之后什么都没再教过我。以至于后来我离职的时候，都不知道图书编辑到底在做什么。

我在自己的工位上安静地看了两个多月的《胡适文集》，也不亦乐乎。

那个时候策划选题、图书设计、营销推广，都还离我很遥远，对我来说，这些完全属于一个陌生的领域。没有人教过我这些，我也不知道这份工作还有这么多技能需要学习和探索。

当时同班成绩不如自己的同学，一个进了港企，转正月薪 4500 元；一个进了国企，月薪 3500 元。其间父亲身体不好，这些现实生活中的因素来来回回的刺激，让我不得不慎重考虑，自己到底是要钱，还是要自己的爱好。

我去过同学所在的港企公司，在王府井的东方新天地里，很大，人很多，环境也很好。我心里很羡慕，觉得自己也要去这样的大公司才行。

告别《胡适文集》的那天，我从那家图书公司一路哭着走到地铁站。我打电话给最好的闺密，问她：为什么人不能从事自己喜欢的工作？为什么自己会那么穷？

后来我果然去了一个高大上的公司，也很受重视，工资涨了点，工作得心应手。只是工作内容我不喜欢，公司同事都很新潮，我的桌子上出现一本《语言学概论》，会吓他们一跳，“这是什么鬼？”

兜兜转转，最后还是做了图书编辑。去了一家在当时图书行业很有名气的图书公司，月薪3000元，工作内容是自己喜欢的，同事和领导都很友好，公司文化氛围也很好。一直到这个时候，我的职业生涯才算正式开始。

找到自己喜欢的，待遇又能接受的这份工作，历时9个月，有很多次我怀疑自己的能力，差点放弃。

其间有的同学从北京回了老家，有的同学工作称心如意，唯有我，不停地换工作。不是喜欢的工作没钱，就是可以赚到钱的工作不喜欢。当时住在天通苑六间隔断房的其中一间里，躺在床上怀疑人生……一次次怀疑自己的兴趣爱好不能当饭吃，又一次次不甘心想再试一试。

不管心路如何坎坷，生活如何艰难，最终还是选择了自己的兴趣爱好。

从踏出学校到确定自己的职业生涯，历时 9 个月以后，我找到了一份适合自己的工作。

可是，兴趣爱好，真的仅仅是我们职业生涯里的第一步。

◎

2. 好待遇，不如好平台

我告别《胡适文集》，去了一家团购公司做新媒体运营。在这家公司辞职的时候，领导说可以给我涨工资，让我别走。

给我加的工资，比我要去入职的图书公司的工资要高一些，可我还是执意要走。

因为我知道，这个平台不适合我，与钱无关。

我要入职的这家图书公司，在当时如日中天，出了好几个百万畅销书作家，公司做过的名家明星作者，让我眼花缭乱。我什么都不会，但看到公司书架上摆放的那些书，我知道我来对了地方。

当时，我是那个部门年纪最小的编辑，其他编辑都很有经验，并且都有自己的特长。要么是在图书装帧设计上比较下功夫，要么是选题能力很强，有的校对稿子校对得非常好，有的很擅长与领导和其他同事友好相处……我是一个“小白”，既然我想留在这个平台，那就要苦干。

你以为你初到公司，只是不会做大事吗？不，你首先要熟悉的是公司里这份工作的基本流程。流程这东西，只要在公司待了一两年的同事，都很熟门熟路。

自己不会，就要向有经验的同事请教。当我发现每天只问一个人，对方会表现得不耐烦的时候，我就向不同的人请教问题。当时部门有 11 个人，一个总监，一个项目经理，一个主管，剩下的 7 个编辑，都是我可以请教的对象。

不得不说，图书行业里的人和事相对比较简单，人心都不算太复杂。大家都很善良，觉得你是个新人，年纪又小，爱学，只要有时间，多数人都会帮你。

一年时间里，我用 3 个月学会了做流程，同时在这 3 个月里，弄明白了自己工作的内容，剩下 9 个月，用来苦干。一年后，我任务超额完成，做了公司里最年轻的项目主管。

我的工资在一年后，从月薪 3000 元，变成了月薪 5000 元。

接下来第二年，我的月薪加提成平均每个月是 7000 至 8000 元。我开始和一些同学在收入上拉开了点距离，并且在这个行业里找到了自信。因为我有的不仅是当下的归属感，还有对未来长远的规划，我知道自己没了这份工作可以做什么，或者说，也许有一天我可以不用给别人打工，自己开公司，这个念头是在那个时候萌生的。因为我知道自己的这门手艺，是有机会、有能力去独当一面的。

两年后，我迎来了自己工作的“瓶颈期”。

我有两个选择，要么坐吃等死，要么跳槽。

我对当时的公司非常有感情，因为我觉得那是我真正找到自我的第一份工作。

可我的野心很大，我不想坐享其成，也不想做井底之蛙。

犹豫了几个月，最终我花了两周时间在工位上看完了马尔克斯的《百年孤独》之后，我就离职了。

那个时候我刚 25 岁，我不想熄灭自己内心对做书的热情，也不想过太安稳的生活。

虽然那家公司很好，但已经满足不了两年后的我。同事很好，领导不错，平台到了发展的“瓶颈期”，我还是选择离开。

现在的是一个让我看不到天花板、人才济济的公司，会让我一边卑微，一边亢奋。我卑微的是自己还不够好，前路还很长，追上他们还要很努力；我亢奋的是前面的挑战还有很多，工作不会那么枯燥单调。

平台选对了，剩下的就是拼命努力。

所以选对能够装得下我们的野心，又能够给我们公平回报的平台，是我们走向成功的第一步。

◎

3. 好平台，不如好领导

我第一次做《胡诗文集》的那家图书公司，当时规模也不小，只是带我的领导只想自己安身立命，从来不愿意教我什么。每天只是让我看稿子，从不告诉我怎么出去找作者，怎么做策划，怎么销售。

后来遇到过一个很“事儿”的直属上司。

他定的规矩很多，每天、每周都有填不完的表格。发给他的文件，都必须命好名、标上日期。

当时做的很多事情我都很不解。

为什么回复公司老板的邮件要写那么多字，说那么多废话？

为什么每天、每周要填那么多表格？

为什么要去巴结那个跨部门看起来很讨人厌的总监？

为什么一个作者简介，要改十几版？

我做了很多工作，但是每项工作在我心里都变成了大大的问号，“为什么”？

直到我自己开始带人，看到工作室里的小伙伴被我指挥得团团转的时候，我才意识到：我不仅要让他们做事，还要告诉他们为什么要这么做。

我也才明白当时那个看起来很“事儿”的直属上司让我做的所有事情，都是事出有因：

给老板谨慎地回复评估邮件，才能显示出你专业度的深浅；

每天总结和每周总结，都是为了更清晰地了解工作进度，及时完成任务；

跨部门的总监是专门帮我们销售图书的领导，掌握我们的书能卖一万册还是两万册的生死大权；

一个看似简单的作者介绍，市场上会有不同的版本，好的简介可以抓住读者的眼球；

至于他连文件名都要规定，是因为他接收到的文件太多了，到了第二天可能就会忘记，或者找不到。

于是，我开始告诉工作室的小伙伴，你们虽然每天都很忙，但是你们必须明白每天在忙什么。你们必须明白，我让你做这件事或者那件事是为什么，这件事在某个环节里充当怎样的一环。把所有的环节都搞明白，并且拥有全流程的把控能力，即便是忙，也不会是瞎忙。

此前带过一个1995年出生的实习生，每天把他累个半死。半年之后，他辞职了，后来他找了一份自媒体工作，月薪7000元，比当时在我们公司多了 2000 元。

丹丹说，这不挺好吗，人家累死累活地为你工作，拿那么少的钱，换一份工作，挣得多了，还没那么累。

其实我心里最后悔的是，我没有告诉他，他的工作到底在做什么，没让他真正了解图书编辑是怎么回事。在领导告诉我说，“七月，你要把自己学到的、拥有的所有本事，都教给他们”之前，我潜意识里还没有这回事。我觉得人只要努力就会自己去学，不懂的事情自己会去问。只要自驱力比较强，任凭他去做就好了。

他走之后，我才发现我错了，完全不是那么回事。

我不能让他们一入职场就扎进快节奏的工作中，却不告诉他们应该怎么去做。

或者说，我不仅要告诉他们怎么做，还要让他们拥有会做的能力，也就是所谓的成长。

领导也跟我说过，我最关心的是你们的成长。有一天你们不在这个公司了，你们学到了什么，出去能做什么，能有怎样的前途，这才是最重要的。

在职场里，有人教你和没人教你，很重要。你的领导，决定了你在最短时间内能够学到什么，会有怎样的进步。

如果你拥有超强的自学能力，领导不教你，你也能够在这个大平台里学到很多东西，快速成长，这是你的本事。而如果你需要有人带你，可你对你的领导来说，只是个打杂的，跑跑腿、复印文件、买咖啡、寄快递，这个时候，即便公司是个好平台，你也要慎重考虑，是否还要继续在这样的公司里做下去。

◎

4. 成长空间大小比工资多少更重要

有的新人初入职场，会觉得工作压力大，活多钱少，慢慢地不知道自己为什么要做这份工作。我想说的是，那你的关注点可能错了。你要关注的不是做了那么多工作，你为什么没钱，而是做了那么多工作，你到底能学到什么，你的成长空间有多大。

除非你是海归，高学历硬技能，直接进入高精尖的公司，工资从年薪算起。

否则不管哪个行业，哪个公司，刚入职的你都不可能有很高的工资待遇。不同公司工资待遇的差距不会太大，一般就是多出 500 到 1500 元。

职场和人生一样是分阶段的。而其中的好坏，是由你的成长决定的。

你学习能力强、进步快、成长比别人快，慢慢地你就会与那些学习能力差、进步慢、成长慢的人拉开差距。

这个差距一年之内可能看不出来，不过是你月薪6000元，他月薪8000元的差距。可是两年之后，你回头看，那些当初和你在同一起跑线上的人，快速成长之后，可能早已经把你甩出几条街了。

因为不知不觉，他完成的业绩比你多，比你更受公司的重视和领导的认可，比你前景更加宽广。一年前只是2000元钱的差距，可能两年后，就是几十万的差距。

就像上面我说的那个入职港企的同学，他在那个港企做了两年，月薪一直是4500元，两年之后，月薪涨了500元。虽然最开始工作的时候，我比他赚得少，但两年后，我比他赚得也没多多少。3年、5年后，我的收入确是他的很多倍了。

从一个职场小白，到驾轻就熟，到思辨，到不断地给自己挑战。你要做的不仅是比别人有经验，还要比别人专业，比别人更有创造力。

经验靠积累，专业靠学习和打磨，而源源不断的创造力，只能靠你自己。

当你选择了一个看不到“瓶颈”的大平台，你要做的就是这些：

拥有经验，成为所属行业里专业的人，拥有创新的能力。

当你拥有上述这些技能，拥有真本事的时候，你的收入一定是不断递增的。

◎

5. 喜欢不够，还要热爱

最近面试了一个 23 岁的小姑娘，我问她为什么选择做图书编辑，她说自己喜欢读书、写字，所以想做编辑。

我跟她说，图书行业跟其他行业不太一样，需要你沉住气，耐心打磨。

你如果只是喜欢书，喜欢文字，现在有很多平台都可以满足你的喜欢。

比如“得到”的每天听书，也在做书的内容，和文字打交道；

比如“喜马拉雅 FM”的付费课程，也是要找作者，策划课程，跟内容打交道；

比如自媒体“十点读书”的公号运营，也是找文章，写文案，培养作者。

包括我工作室的小伙伴，他们每一个都是喜欢读书，喜欢文字的。可是我觉得喜欢还远远不够，喜欢会被眼前的利益动摇，会被其他相似的行业动摇，而你只有真正爱一样东西，才会不遗余力。

当然热爱不是凭空来的，是你与它朝夕相处，一步步磨合出来的。

你因为做了一本装帧设计很美的书，觉得很有成就感；

你因为签到了自己心心念念的作家，开心好几年；

你把一个不知名的作者的书，做成了畅销书，证明了自己挖掘作者的眼光；

你因为做书结识了某个很投缘的作者，他成为你的朋友、人生导师，或者知己，你觉得三生有幸；

你为自己给图书市场添加了一本署着你名字的、有意义有价值的书而感到骄傲，为过程中的艰辛和折磨无怨无悔……

在这个行业里，大家提到你的名字，就赞不绝口，知道你做了很多畅销书和有价值的书；

在公司里，你游刃有余，不管是领导还是跨部门的同事，都非常认可你的能力；

在生活中，你因为工作的收入过得体面而轻松；

在爱情里，你的执着和努力，得到了另一半的鼓励和肯定……

这些都是你热爱它的缘由。

而现在你可以仔细想一下，你现在从事的工作，有没有给你带来过以上的欣喜和满足、赞扬和认可。它以此证明，你有没有把你的事业做好。

你不会因为今年流行做电影，就转头去做电影；不会因为明天兴起新媒体，就要去做新媒体。

因为它就像你慢慢哺育的孩子、掌心中的宝贝，你想要看着它长大并且长成美好的样子。

也许你要辛苦好几年，甚至很多年，可是有时候我们大部分人，可能会工作一辈子。

不管你是给别人打工，还是给自己打工，能够找到一份自己永远无悔为之努力的事业，是一件非常荣幸的事。

◎

6. 不要变成温水中的青蛙

在职场中，我最怕遇见的就是这种人：他们不冷不热，咸淡相宜。

你让他们做什么，他们就做什么；你不让他们做的事情，他们也绝对不会主动去做。

他们在公司里，业绩不算垫底，但也不可能会冒出头来。

工作不讨厌，但也不会喜欢。有温度，没热情；有行动，没效率。

他们不管是一两年还是三五年，变化都不会太大。

这种性格使然，或者家庭条件使然的人，是最难被改变也最不愿意改变的人。

记得一个同事跟我说，七月你招人，要招自尊心比较强的人。这样的人，他自己就不允许比别人差。

而放眼去看，一个公司里，成长最快、最受领导喜欢的，也就是那种自尊心比较强、自驱力比较足的人。并且这样的人，大都会在很短的时间里，有很大的进步，成为公司里的佼佼者。

比起抱怨自己工资太少、压力太大的职场新人，我更担心的是变成了温水中的青蛙的人。

新人抱怨工资少，也许还会为之努力，想着多做一些事情，去更好的平台发展，拥有更多的回报。

而温水中的青蛙，只是雷打不动，循规蹈矩，索然无味。这种人，即便遇到了好平台，有了一个好领导，也不会有什么起色。他不想动，不愿意动，毫无办法。

所以在面试新人的时候，我会跟他们说，你没有经验我不在意，我在意的是你有没有学习的能力和欲望。

◎

7. 永远不要说“放弃”

人生不进步，就是退步。

你没有找到一份好工作，你要放弃；你找到了一份好工作，但是赚不到钱你要放弃；你的领导很差劲，你想要放弃……而我想说的是，任何情况，都不是你选择放弃的理由。

你不喜欢的工作可以换，你不喜欢的领导可以换，你不喜欢的公司也可以换，但你不能消磨内心的意志，让自己成为一个很丧的人。

你觉得大公司不好混，要去小公司。你觉得这个行业不好做，要换个行业。

你觉得北京混不好，放弃了，回老家。你回老家之后，混不好，要回农村。

人生就是在你打算要放弃的时候，开始一步步走下坡路，你松了一口气，就还想再松一口气，再松一口。

于是，“梦想、追求、努力、成长、幸福”这些词，将彻底和你的人生无缘。

年轻的时候虽然辛苦，可幸好我们还年轻。有体力，有精力，有时间。

所以，“Never say give up.”（永远不要说放弃。）

•••

总结：

1. 工作从自己感兴趣的行业开始：如果你不知道自己应该做什么，职场第一步该怎么走，那可以先从你感兴趣的行业入手。

2. 去有实力的平台发展：最好是建立在你已经拥有了一些工作经验的基础之上，可以试着跳槽，去更有实力、更有发展前景、更专业的平台工作。

3. 选择一个适合自己的领导：有的公司平台很好，但你的直属上司跟你气场不合，也会影响你的水平发挥，以及工作效率。

4. 成长比薪水更重要：薪水只是暂时的，但成长是不会止步的。

5. 把工作变成自己喜欢的事业：如果你把这份工作当事业去做，眼界就会不一样。你做的不仅仅是一份工作，还是关乎你未来发展的终身事业。

6. 找到自己的人生底线：可以进，可以退，但千万不要不进不退。**做一个普通人会很幸福，做一个优秀的人也会幸福，唯有高不成低不就的人，人生会比较难过。**

7. “坚信定律”你值得拥有：人生其实就是我们自身和自己的内心博弈的过程，你正，它则正；你负，它则负。心理学中的坚信定律说：“当你对某件事情抱着百分之一万的相信，它最后就会变成事实。”

当你原地踏步，就是在退步

你以为你失去的只是领导的赏识，其实失去的可能是一个大项目。
你以为反正你不会被公司炒鱿鱼，但是在公司重重受阻，举步维艰。
你以为你只是没有进步，但其实你是在退步。

◎

在这个时代，越优秀的人，机会越多。

找到你的优势，发挥你的特长，是你踏进社会需要做的第一步。

A 和 B 是同时来公司实习的两个研究生。

A 是北京邮电大学的研究生，专业是网络文化与新媒体传播。他喜欢混经济社科类圈子，在毕业之前，就认识了这个圈子里的一些名人，有半年小公司实习经验。

B 是南京大学的研究生，专业是编辑出版，作为交换生，曾留美一年。外国文学经典作品几乎都读过。英语过硬，可以翻译英文原版作品，无从业经验。

如今两个人到公司大概已经一年半。今年夏天，两个人毕业的时间差不多，然后正式转为初级产品经理，开始独当一面地做书。

从两个人本身的硬件来看，B 应该比 A 更适合做编辑，但是结果却不尽如人意。

入职半年后的 A，出版了近 10 本书，有 A 级书（重点书）、B 级书（有潜力成为畅销书类图书），也有 C 级书（普通图书）。

由于自己找准了定位，知道自己擅长和感兴趣的领域是经济类图书，A 就一直专注于出版此类图书。

事实就是如此，当你出版过一本某个领域内的作者的书，就会有第二本，慢慢就会有第三本、第四本。并且当你出版过一本这个领域里大牌作者的书，你将会吸引更多的作者，获取你自己的策划资源。

这个途径，A 无疑做到了。

并且在一个公司，如果你想让领导和销售以及其他同事为你开绿灯，那你就要做几件让他们认可的事情，出版几本卖得还不错的产品。

一旦你用产品为自己开了路，以后你带着产品去跟销售讨论封面和内容的时候，阻碍你或者跟你有不同声音和意见的人就会越来越少。因为他们会觉得你有能力，能够把一本书做好，所以自然会认可你，接着认可你的想法。

一个优秀的产品经理说过，没有做不了的书，只有举棋不定的产品经理。你是一切产品的核心，如果你坚持要做，并且让大家看到你的决心，我想极少会做不成。

相反，同在公司待了一年半的同事B，到目前为止只出版过一本C级书，毫无波澜。跟领导沟通有困难，跟销售沟通有障碍。他觉得自己不擅长表达，不敢跟销售同事打交道。

我觉得公司销售是较好相处的同事，他们要求很简单，就是让产品经理为他们提供好的产品，让他们可以赚更多的钱。他们对产品经理，一直都是非常尊重的心态。

可是在一个环境里，就是这样：你强，就越强；你弱，就越弱。

◎

当 A 慢慢在公司如鱼得水，产品越来越多的时候，B 越来越没有自信，甚至开始给自己找各种理由，让自己觉得完不成任务也没什么。从开始报选题（作者的作品），可以清晰地描述产品的优点和作者的优势，到慢慢地，连一本书的内容简介都要写两页，还是表达不清楚这本书到底在讲什么。

再好的领导，对一个人的包容都是有限度的。一开始你是个“小白”，领导对你没有太高的要求，觉得你上进爱学，慢慢进步就好了。过来人都会明白，一个职场新手的成长是需要时间的，没人会在你一开始步入职场，就给你定下过高的要求和任务。

但是一年半载过去了，领导看似依然对你很宽容，既不会批评你，也不会管你，其实在领导心里，他正在渐渐放弃你。作为管理者心里会想：唉，我给了你足够的时间，结果你依然没什么进步，那就看你自己的造化了。

也就是说，领导从最开始对你赏识，变成了任由你去吧，不管你的心路历程。看似你也没什么太大的损害，但其实这就是你错失机会的开始。

如果现在有一个大作者与公司签约，领导绝对会优先想到给 A，而不是 B。因为 A 做过几本不错的书，有经验，也有能力，但是 B 目前还没出版过什么像样的书，沟通能力也不怎么样。

你以为你失去的只是领导的赏识，其实失去的可能是一个大项目。

你以为反正你不会被公司炒鱿鱼，但是在公司重重受阻，举步维艰。

你以为你只是没有进步，但其实你是在退步。

所有的原地不动，都是一种退步。

首先身份在改变，你从实习生，变成了产品经理，但是你的能力并没有丝毫的改变；再者你的年龄也在改变，你刚进公司实习的时候可能 22 岁，但是一转眼你就快 24 岁了。

说实话，最能拼的就是刚入职场的那几年。如果这几年你一直不努力、不前进，慢慢你会怀疑自己：我是不是真的不行？我是不是没办法在北京这个城市待下去了？我是不是应该乖乖地回家找份安稳的工作，结婚生孩子，度过一生？

直到有一天你自己耗尽了你所有的自信和不甘心。

其实在最开始的时候，你可能比别人还要优秀，甚至可能只是差那么一小步，但时间斗转星移之后，你与别人的距离越来越大，别人越来越成功，你却越来越一事无成。

◎

后来我跟 B 一起吃饭，我问他："看着 A 这样越来越好，你自己不着急吗？"

他说："我问了坐在我后面的同事 C，她说她来公司几年了，没有一年是完成任务的，也没有被公司辞退。"

我听完真是一口老血吐在餐桌上。

我问他："首先，你为什么要跟比你差的人相比，而不跟比你优秀的人相比？完不成任务的人比比皆是，但是完成甚至超额完成任务，拿百万提成的也大有人在。

"再者，C 虽然没有完成任务，但是人家出书啊，有产品啊。并且产品都还不错，只是每年都离完成任务差一点点，人家也是尽了力的。

"可是你现在不仅完不成任务，还没有产品，并且跟你同时进公司的 A 已经做得风生水起，你觉得领导会怎么看你？"

当我这样说的时候，B 又说："可是 A 在来公司之前，在出版行业待过啊。"

他的意思就是，A 本身就比他有经验，比他做书快，是理所当然的。

据我了解，A 之前实习过的公司，是一个很小并且不太规范的出版公司，连出版行业的边都没摸到。另外，一个公司有一个公司的流程制度和情况，他来到这个公司，一样是要重新适应新环境，了解新的流程，从头做起。

我又跟他举了个例子，有行业经验的D，同样来公司一年多，不也是出了一两本书，没有A做的产品多吗？

有时候，跟经验没关系，但跟人本身的想法却有很大关系。

即使你比别人有着稍微高点的学历，丰富的阅读基础，如果你不能像别人一样，将自己的优势用到点子上，那么别人就可以超越你的优势。你的优势，自然会变得黯淡无光。

你英文水平八级，自己一个人默默憋着不好好利用；别人英文水平可能只有六级，但是别人将它用到极致，照样能比你优秀。

也许现在B还年轻，读过很多书，有个响当当的名牌大学的学历，还不错。可是工作几年之后，如果他没有把自己的这些优势利用好，他的这些优势，慢慢也将一文不值。

刚毕业一两年不觉得，三四年之后就会明白，为什么有些人的梦想真的只能是梦想，而为什么有些人的理想，真的可以成为能够实现的理想。

现在也许同在一个起跑线上，但是三四年之后，就会看到明显的差距。

◎

你的梦想没有实现，跟任何人都没有关系，跟你父母没钱没关系，跟你没有上过名牌大学没关系，跟你长得不好看、不帅气也没关系，它只跟你对自己的梦想坚守得够不够努力有关系。

我始终相信，一个对自己的梦想有足够坚持的人，慢慢地就会把自己的梦想变成理想，看清楚梦想和理想之间的差距，从而找到真正属于自己的道路，一往无前地走下去。

对于那些只是做梦，却不付诸行动的人，就让他们去做自己的春秋大梦吧。

是的，人生苦短，不过黄粱一梦。

怎么过都是一生，谁也不是赢家。

只是在你过着为了车贷、房贷、孩子上学而挣扎，妻子抱怨连天的生活的时候，不要在暗夜里辗转反侧，悔不当初。

人越优秀，机会才会越来越多，甚至机会会不请自来。并且所有机会的来临，都不是偶然，而是因为你自身能量的吸引。

毕竟出门可以捡到500万，坐吃山空的人，几乎没有任何机会。你自己才是一切机会的贵人。

当你自己不够优秀的时候，不要去艳羡他人怎么能够有那么多机会，赚到那么多的钱。今年几十万，明年上百万，后年又翻倍。与其作为一个弱者远远地站在一旁垂涎三尺，不如认真思变，让自己变成一个跟他们一样的人，甚至比他们更优秀。

很明显，世界上所有领域里小有成就的人，都是因为坚持和不服输。“人生，失败不是结束，认输才是。”假如你认输了，那谁也无话可说。

总结：

1. 学历只是敲门砖：拥有好的学历，受过高等教育，是人生成功成才的第一步。不付出实际行动，不向自己的人生目标出发，学历有可能变成你的绊脚石。

2. 优秀的人好运比较多：人们总是看到别人走运的一面，不知你是否看到别人比你优秀的一面？优秀的人，在不断扩大交际圈子，担任更多社会关系角色的时候，机会自然而然会出现得比较多。

当你迷茫的时候，就给自己定目标

很多人迷茫的原因，是根本不知道自己在迷茫什么。
只有找到了迷茫的根源，才能快、准、狠地解决它。

◎

人都会有迷茫的时候，不管一个人拥有多高的身份地位，都会遇到自己难以解决的问题，以及想不通的事情。

总有人问，自己那么迷茫，该怎么办。

我想说，没有人能给你一个标准答案，它也没有答案。

当你迷茫的时候，就给自己定目标，有了目标就不迷茫了。

一个朋友最近找我倾诉，说他现在特别迷茫。因为喜欢写文章，也出过一本书，但是不温不火的，没什么成绩，觉得很难受。工作算是稳定，没什么压力，目前的工资自己花是够了，但是如果找女朋友，经济压力肯定会很大。每天在北京算着怎么让自己变得更好，却看见老家的小伙伴总是来一场说走就走的旅行。现如今，不知道自己在北京坚持什么。

我给他的回答很简单：你对自己什么地方不满意，找到痛点，努力做到让自己满意。一切问题都会迎刃而解。

觉得自己写书没有火起来，那就接着写，多读书，多学习，多写文章；觉得自己缺钱，那就努力工作，拼命完成业绩，拿更多的提成或者做兼职，去赚更多的钱。

有时候迷茫不过就是太纠结，纠结自己做什么，要不要做。所以越是在这样的时候，越要给自己树立一个明确的目标，然后简单粗暴地去朝着它努力。

毕竟，不管你怎么纠结，纠结多久，如果你不去做，不去拼，那么你就永远无法改变自己现有的状态。

◎

一个前同事，快 30 岁了，特别想脱单，找个男朋友结婚。

为了脱单，她在很多相亲网站上注册会员，跟不同男生约见。

当时有人问她，你不怕在那些相亲网站上遇到骗子吗？你不觉得去那些相亲网站上找男朋友有点不好意思吗？

她说，我本来就没有什么社交圈子，每天生活两点一线，上班下班。不像其他人，还有机会通过各种方式去认识别人。我只能在网站上注册信息，让它们帮我找到合适的男朋友。

我想找男朋友，我就要想尽办法让自己尽快找到，形式并不重要，重要的是，我能不能找到一个适合自己的人。

从她身上，我发现，一个人只要下定决心去实现自己的目标，就绝对足够强大。强大到不管别人怎么看，也不管别人怎么想，她只要去实现自己想要实现的目标就好。

好像也就是小半年的时间，她通过社交网站，找到了现在的男朋友，并且结了婚。

有时候即使我们有了目标，但是因为缺乏实现它的决心，我们总是原地踏步、徘徊、踟蹰，不够雷厉风行。

是啊，如果你真的想找男朋友，社交网站又怎么了，不也是为自己实现目标提供的一种可能吗？

说到底，自己找男朋友，关别人什么事？

并且吃瓜群众往往都是墙头草。

一对情侣在一起了，大家都不看好的话，就各种流言蜚语，说他们肯定没多久就会分手。

如果这对情侣最后有一个人劈腿，分手了，他们就会说，早就说过嘛，他们是不可能在一起的。

但如果这对情侣后来在一起了，并且还特别相亲相爱，结婚生娃了，他们就会有另一套说法：所有人都觉得你们不会在一起，而你们居然修成正果了，果然是真爱啊。

所以，他人的眼光，也是建立在你自身如何的基础之上。你过得好，大家就都没有非议。只要你下定决心去做一件事，谁都拦不住你。

◎

想要找男女朋友，那就去社交、去约会，想尽办法让自己脱单。

想出书，想火，那就好好写文章，给各个图书出版方投稿。

想旅行，不必羡慕别人说走就走，不管多忙，只要你想去，这种生活你也可以拥有。

曾经看过一个报道，讲的是美国胖妞罗宾逊减肥后成为一名舞蹈教练的故事。

2007 年，体重 140 公斤的罗宾逊，去坐过山车时，因为体重超标被制止了，保安说：“为了其他乘客的安全，减肥后再来。”罗宾逊当时暗自伤心：伤自尊了！太伤自尊了！

罗宾逊因为这件事情而深受打击，一度很失落。后来她想通了，不就是胖吗，她下定决心减肥，一定要瘦下来。

2009 年，31 岁的她报名参加了尊巴舞班，并在两年内减至 63 公斤。后来她回忆说，自己在童年和青少年时代，也曾因肥胖受到困扰，尝试过很多减肥方法，但是效果只能短期维持，时间一长，体重又开始反弹。

现在，减肥成功的她找回了自信和快乐，并且还开办了自己的舞蹈培训班。

而我们大多数人，永远在喊着要减肥，却永远瘦不下来。

记得有一次跟一群朋友吃饭，其中一个女生说她要减肥，要少吃一点。

另一个男生说：“女生永远都是这样，永远都在减肥。”

没错啊，一个小姐妹每天都在为自己胖了 10 斤而苦恼，每当晚上睡觉前看着自己的粗胳膊、粗腿以及小肚子上的赘肉，就抓狂到睡不着。她是过年回家吃胖了，从过年回来就跟我念叨自己变胖了，可是从过年到现在已经好几个月了，她的体重还是没有下降，说减肥只是在喊口号。

前一天晚上她难过得要死，觉得自己发胖了，第二天爬起来，该怎么吃还怎么吃。

可能我们并没有因为肥胖而受到像罗宾逊那样的打击，所以我们从来没有罗宾逊那种要瘦下来的决心。

只要你想去做，很少有做不成的事。

凡是做不成的，大多也都是因为你下的决心还不够。

◎

我认识一个姑娘，觉得自己不够漂亮，虽然平时叽叽喳喳很开朗的样子，但她内心有些自卑。

然而你知道后来这个姑娘做了什么吗？

没错，就是赚到了一笔钱，去整了容。

姑娘整容之后，觉得自己变美了，心情也好多了，每天的生活跟之前大不一样，浑身散发着一股从里到外的开朗与自信。

没错呀，如果觉得自己不漂亮，就赚钱去整容，让自己变美。

毕竟现在整容已经不新鲜了，割个双眼皮，垫个鼻子，都已经是稀松平常的事。

关键是你有没有知道自己不够美，然后拼命赚钱，去变美、变自信的决心。

我还认识一个非常能干的女生，患有天生小儿麻痹。

第一次见她的时候，她还不能站着走路，走路时，需要用手扶着另一条腿走，非常吃力。我看着也很心疼。

后来听说她做了手术，花了一笔钱，并且做那个手术非常痛苦，她在医院一个人躺了一个多月，吃了不少苦。

但第二次见到她的时候，她已经可以站起来走路了，除了走得慢一点以外，跟我们常人走路没什么区别。

她的改变，让我受到了很大的震撼。

命运没有厚待她，但是她用自己的勤奋和努力，改变了命运，让自己站了起来。这种人真的很牛，我由衷地佩服。

她让我看见了，没有什么事情是不可改变的，关键是你到底有多少能力、多少决心来改变一切。

◎

活在这个世界上，并不轻松。

每个人都会遇见各种各样的难题。

毕业生，会非常苦恼，不知道如何找到一份自己喜欢的工作；

想恋爱的人，会非常难过，不知道怎样才能找到一个适合自己的男女朋友；

已经结婚了的人，会很抓狂，不知道怎样才能处理好婆媳关系；

想买房的人，会很无助，不知道自己要花多少年才能赚够付首付的钱……

迷茫的人不计其数，并且各有各的迷茫。

所以你永远不是最艰难的，也永远不是最可怜的。

解决迷茫的方法，掌握在你自己的手里。

从现在开始，去想清楚自己究竟在迷茫什么，害怕什么，不满什么，然后将那些迷茫的、害怕的、不满的通通改变。

总结：

1.找到“病灶”：所有事情，在我们明确原因之后，才会有针对性地高效率地解决它。

2.付诸行动：在找到原因之后，为自己设定目标，然后为实现目标立即付诸行动。

谁的职场不是从打杂开始的

初入职场，切忌眼高手低。

培养自己做好每一件小事的耐心、细心，才能做好大事、重要的事。

◎

年轻人都想干大事，我也不例外。

拿着 2000 多元工资的时候，我依然一身傲骨，深信自己以后一定会变得有钱又厉害。

带着这样的心情和傲气，踏入职场的大门，刚进门，骄傲的自尊心就被劈得七零八落。

一开始是做图书营销编辑，一天恨不得能填三十多个快递单子，给媒体寄书。光是写单子都写到手软，心里暗自委屈，我大学毕业，一腔热血，难道就是来填快递单的？

这还不算什么，因为我是那个部门最小又最新的员工，平时给领导端茶倒水、打杂跑腿的事都是我来。犹记得“变态”的领导让我每周五去看美国亚马逊前十名的排行榜图书书目，将英文翻译成中文，发到部门群里。

那是我最害怕的工作，因为我的英语差得一塌糊涂。我甚至纳闷，为什么领导要让我干这个活儿，他是不是脑子有问题？

每到周五的翻译时间，我就打开百度翻译、有道翻译、谷歌翻译，再请来英文比较好的朋友做外援，吭哧吭哧地把书目在下班之前做出来。我就这样坚持了小半年，直到有一天部门开例会，坐在我后面的姑娘说她英语八级。领导恍然大悟说：“噢，我记错了，原来是你啊。我一直以为是七月，所以让她去看亚马逊图书排行榜。”

从此以后，这活儿是不归我了，但是谁能弥补我内心受到的伤害？

领导一不小心记错了，我就硬扛了半年。

◎

慢慢在职场待久了以后，我切实地体会到，一些小事还是要做的。因为有些时候，大事轮不到你做，你也没能力去做。

我跟公司老总和总编去见某个知名的作家，从见面到结束，这四五个小时里，我说的话，没超过三句，我的职责就是端茶倒水。

作家杯子里的茶喝完了，我赶紧续上；老总杯子里的茶喝完了，我赶紧续上；总编杯子里的茶喝完了，我也赶紧续上。茶壶里的水没了，我赶紧去重新倒一壶。

其间我被太热的茶壶烫了一下，挺疼的，但是我装作什么事都没有，忍住了。

要是在平时，不管是在家，还是在朋友、同事面前，我绝对不会那么淡定。可是场合不同，就不能太放肆。

除去见面的时间，路上我就负责开门、打车、按电梯。

平时我在公司也是忙得昏天黑地，一堆一堆的事，但跟领导出门，我就是小丫头片子，勤快点、有点眼力见儿最好。大事、急事，都有领导解决，我把我自己力所能及的事情做好就行了。

试想一下，曾经的领导，难道不就是现在的我吗？

◎

一个学弟刚入职场，跟我抱怨他的直属领导。他说：“我跟她是为了学习经验，结果她什么活都让我干。打印文件、寄快递、买咖啡……烦都烦死了。”

去年采访过一个巨无霸公司的CEO，他说了一个观点，我一直记忆犹新。他说很多新人初入职场，总想干大事，对小事很不耐烦，不乐意去做。可是新人们不清楚，细节决定成败，在领导眼里，你小事都做不好，还怎么做大事呢？

谁都有寄快递、打车、开门、买咖啡的时候，但这些时候，大多是初入职场的时候。你刚工作，领导让你做这些小事，是因为他觉得这些事情你可以完成，他不清楚一些需要有能力去做的事情，你能不能完成。如果你想做更多的事情，你必须用自己的能力来证明给他看，花费一些时间，得到认可。

如果你连寄快递、打印文件这些小事情都做不好，你觉得他还会将重要的事交给你去做吗？

父母从小教诲我们，切莫眼高手低。在此我加上一句，我们做事，要力所能及。

任何事情都不是白做的，只是很多时候，我们必须从小事做起。

◎

刚工作的时候，我不太会复印和扫描合同，那叫一个费劲。最害怕的就是打印机没纸了，或者是卡纸打不出来稿子。光是换纸就够我琢磨一会儿的，而机器卡纸不动了，我更是一脸蒙。

后来用得多了，纸没了，就跑去找前台要，放一包新纸在里面。

机器卡纸了，学会了把墨盒拿出来，然后把卡的纸拽出来，再把墨盒放进去，就能继续打印。

这都是非常小的事情，但当时在公司的编辑里，没有谁是不会换纸、修打印机的。哪怕他们是在公司待了四五年的老编辑，墨盒没墨了，也知道去哪里找墨盒，把墨盒换上。

这说明，每个人都亲力亲为过这些小事，我也不例外。

从前打稿子，一打就十几本，同事们都下班了，我还坐在打印机旁边看着。不盯着打印机，怕它卡纸不知道；盯着打印机，一小时两小时地站着，别提多崩溃、多无聊。

现在回想起来，我自己都不敢相信，曾做过那么多琐碎又无趣的事情。

现在每天忙着跟作者沟通、谈选题、设计封面、想书名、调版式、把关稿子的修改等，像寄快递、打印文件这样的琐事，都交给了实习生帮忙。

能自己做的时候，我还是自己做，只是有时候真的太忙了，只能让实习生帮忙做。

在实习生帮我做这些的时候，我也在心里暗自发怵，担心实习生心里会不平衡，会跟我曾经想的一样："我是来赚钱的，不是每天来做这些琐碎、低级的事情的。"

担心他们会因此而反感，觉得这份工作很没劲，没什么成就感。

可是我更相信一个人的悟性，相信一个人如果稍有领悟，就不会因为这些小事把自己否定，把自己看得一文不值。自己的能力跟自己能做的事情一定是成正比的，当你有一天拥有更多能力去做重要的事情的时候，你一定会减少很多去做小事的可能。

在此我只想跟刚入职场的年轻人分享，小事成就大事，要想做成大事，就先沉下心来把小事做好。你不是一个跑堂打杂的，你是一匹需要学习充电不断强大的黑马，当你充足了电量，拥有了足够丰富的经验和技巧，自然有很多重要的事在等着你去做。

总结：

1.不可缺的两颗心：耐心和细心。

2.成长需要时间：虽然说每个人都想快速成长，想一下子做大事，赚大钱，但获得成果需要时间，我们不可能一蹴而就。去找到快速成长的方法，而不是盲目地着急和粗心。

是行业不适合你，还是你没有能力驾驭

慢慢地，我终于明白，那些轻易放弃自己理想与追求的人，
他们从未品尝到实现理想的滋味。
那种有痛苦、有欣喜、有煎熬也有期望的五味杂陈的滋味。

◎

自从去了作家周国平的工作间，我的心久久不能平静。一方面我惊叹和折服于那满屋子成千上万册的书籍；另一方面我窃喜于自己又一次见到了我喜欢的作家。

不得不承认，我热爱自己工作的原因，很大一部分是图书

编辑这个职位，将我与很多书中、荧屏里才会看到的喜欢的人拉近了距离，让我真真切切地看到了他们本尊。

虽然说人各有志，选择什么样的工作，进入什么样的行业，是每个人的自由。但在这里，我确定一点，那些最初带着很大的热情从事某个行业，后来转行或者彻底放弃的人，是因为他们从未成功过。

哪怕有一次成功，他们都不会那么轻易地放弃自己最初的选择。

不会太快地、太轻易地被主流市场所吸引，影视流行做影视，自媒体流行起来了赶紧去做自媒体，知识付费火了跻身知识付费，这样的结果可能是，到最后什么都没做好。

在图书行业里待久了，见过很多这样的年轻人，他们刚毕业，满腔热血，爱读书，喜欢某位作家，自己也写点东西，觉得自己是个文艺青年。于是他们兴高采烈地、热情满满地来到了图书行业，成了一名编辑。

一年两年之后，东西也不写了，书也没读过几本，觉得做编辑好无聊，每天还要看稿子，同事一个个也好老土，每天除了稿子就是书，无趣至极。最重要的是，一年两年过去了，还是拿着刚进公司的那点钱，于是辞职走人。

记得一个 90 后编辑跟我说："你不觉得我跟图书公司的风

格很不搭吗？”

没错，我也觉得他跟这个行业不太搭。长相：高、白、帅；性格：狂拽酷炫 × 炸天。是那种刚进某个图书公司绝对会被小姑娘盯上的气质，完全与图书不搭边的帅哥。我心想，既然你自己都觉得跟图书行业的气质不符，为什么还来做编辑呢？

聊了几次才发现了原因，他骨子里是个文艺青年，有一个文学梦，最喜欢的作家是冯唐，一直以来都希望自己能够出版一本自己写的书。所以才来图书行业蹚蹚水，了解一下出书到底是怎么回事，有机会的话把自己写的书出版了。

一年多以后，他离开了图书行业，去做了新媒体。我敢保证，他在走之前，依然对图书行业一窍不通。

这一年多里，他没出过一本自己策划的书，工资没变，自己的书也一直没写完，在觉得图书行业实在没劲的情况下，离开了公司。

◎

李笑来说过：“没有人会不喜欢自己能够游刃有余做好的工作。”有那么一些人，只顾着表达自己对所做的工作的不满，却从来没想过，是不是自己完全无法适应这份工作，干出点成绩来。

在一个实力过硬、领导和善、有大把同行年薪百万的公司里，辞职的人分两种：一种是赚了钱、累积了多年工作经验，想自己单干；一种是刚进入行业一年半载，工资最低的新人。后一种人，在觉得自己的工作好无聊，自己很穷没钱赚，别的行业给了比自己现在的待遇高 1000 元的职位时，就会立即辞职。

有一个新人从公司辞职的时候，非常开心并不屑地说，我在这里待了一年多，工资还是四五千，现在有一个公司开一万元月薪给我。

于是他果断地辞了职。

在此我祝福他之后工作顺利，节节高升。但就现实来看，我想再过两三年，他身边的人都开始拿几十万年薪，而他依旧拿一万元月薪的时候，他也会嫌弃现在的那份工作，觉得干不下去。

有时候，我们想问题需要分清楚先后顺序。

在图书行业里，能够赚到百万年薪的编辑不是一两个，为什么你却苦哈哈地一个月只赚四五千元？

光看人家赚得多是远远不够的，还要看到人家实力有多强。

别人出了百万册的畅销书，创造了当年某个类型图书的奇迹，你呢？

别人没日没夜地设计封面、看稿子、策划书名想到脑子爆炸，你呢？

别人心惊胆战地、小心翼翼地、百般细心地维护作者，整夜整夜地失眠，你呢？

干了一年半载，出了一两本卖不出去的书；公司开个大会，连市场部的领导是谁都不清楚；联系过那么一两个不知名的网红或小作者，觉得别人都是傻子，你是最强策划编辑。不读书，不学习别人的经验，总觉得自己有发现美和创造奇迹的眼睛与双手，坚信自己能够撞大运，出一本百万册的超级畅销书。

于是，带着这样的心理，干了一年多，发现自己居然还没有做出百万册的畅销书，就以这个行业各种不景气、小气抠门儿没前途为由辞职不干了。

只是很想问问这样的人，你自己能力不够，赚不到钱，为什么要怪某个行业不行？

有一句话说得好："人不行，别怪路不平。"这个世界上的确有那么一些人，会走狗屎运，没怎么努力就赚了钱发了家，你走狗屎运的概率，几乎为零。

如果你没有认清自己，只是一味地怪行业不行、公司不行、领导不行、同事土鳖，说真的，你到哪里都不行。

就拿那个喜欢冯唐的90后编辑来说，假如在做图书编辑的这一年多里，他出版了自己最喜欢的作家冯唐的书，你看他是什么心情。他会觉得幸福感爆棚，觉得特别有成就感，还会觉得这个行业一无是处，无聊透顶吗？我也喜欢冯唐，签了冯唐的书，成了他的编辑。见到他本人的时候，我开心、激动、紧张，成就感与幸福感交织，我觉得自己又向前迈了一步，又优秀了一点。我一定要好好干，成为一个更优秀的编辑。

慢慢地，我终于明白，那些轻易放弃自己理想与追求的人，是因为他们从未尝到实现理想的滋味。那种有痛苦、有欣喜、有煎熬、有期望的滋味。那种成功签约了一个知名的作家，出版了一本畅销书后爽翻了的滋味。所以他们才会那么轻易地放弃，因为他们从未感受到理想之于人生真正的意义。

◎

读周国平《妞妞》的时候，我还从未见过周国平。

只记得看完《妞妞》的时候，内心百感交集。我觉得他教会了我很多，让我知道生命的可爱，父爱、母爱的纤细与伟大。让我知道了人生是那么变幻莫测，一不小心，就会生离死别。

后来去了他工作的地方，回来给朋友发消息说：“我见到了周国平，当我看到他房间里那成千上万本书的时候，才发现自己是多么一无是处。才发现我们的痛苦与煎熬，是多么微不足道。才知道我们以为的布满荆棘、充满艰难险阻的道路，其实仅仅是个开始。”

只是我没有跟朋友说，我在那里也看到了自己的终极理想。

有一天，我老了，有那么一幢房子，里面放着好多好多的书，从文学到心理、从医学到旅行、从哲学到管理、从传记到古文……每天醒来吃完早饭以后，穿过公园去房间里工作，无人打扰。在窗台养花，在阳光倾城的天气里，坐在躺椅上喝茶。比起世间的繁花似锦，我更想安安静静地读书、写字、追问内心。

可是我也知道，要过上那样的生活，需要付出多么昂贵的代价。

我买不起北京三环的房子，甚至付不起一年的租金；我没有等身的著作，能让我的稿费源源不断。如果现在我失业了，我甚至无法养活自己，撑不了几年，我就会成为一个穷鬼。

我有梦，但是我不做白日梦。所以，我非常清楚，自己离那最终向往的理想生活，还很遥远。

这就是这份工作带给我的意义，它让我看清自己，找到自己。这也是我不会轻易放弃自己工作的原因，因为我心里非常清晰地知道，再没有哪个行业比图书这个行业更能让我成就自己。

我尝到过签到自己喜欢的作者的高兴滋味；我尝到过与自己渴念的作家见面聊天、打交道时欣喜若狂的滋味；我尝到过把一个从未出过书的作者的作品，做成十几万册畅销书的滋味；我尝到过被自己喜欢的作者折磨得死去活来，最后冰释前嫌，为着共同目标努力的纠结的滋味。

在这些五味杂陈的滋味里，我找到了自己和自己将来要走的路。我把这份工作，看成一份事业，一个终身去奋斗的目标，所以我不会轻言放弃。

因为我永远不会忘记初见自己崇拜的作家时，回去路上激动的泪水；永远不会忘记自己得到他人肯定后，建立起的希望与自信。当掌声与肯定越来越多的时候，我没有理由不继续前行。并且在前行的路上，我相信自己只会越来越好。

所以，在你们要放弃自己现在从事的工作的时候，不妨认真地想一下，到底是它不适合你，还是你根本无法胜任它。

如果真的不适合，重新选择，当然很好。

如果是你无法胜任，请直面现实，别为自己的失败找理由，找一个新的逃避的出口。

芥川龙之介说："既蔑视世俗，又适应世俗。"

我觉得最牛的人，是胜任一份工作，并且做得很牛以后，觉得实在没什么发展前途另辟蹊径的人，而不是完全没有获得过任何成就、做成过一件事，就怨声载道叫骂连天，拍拍屁股走人的人。

你以为你只是放弃了一份工作，其实你丢掉了自己的理想与初心。

总结：

1.初心不改：自己喜欢的东西，不要轻易改变，否则在五彩斑斓的世界里，你会再也找不到自己喜欢什么。

2.你到底是出众还是被出局：优秀的人跳槽叫出众，没有胜任自己的工作见风使舵的人叫出局。人最害怕的是看不清自己。

如果你想过 1% 的生活

我们看到的那些不凡，其实都是从接地气的平凡开始。
如果你想活成极少数，那你必须先活成大多数。

◎

我和所有人一样，期望能够活成自己喜欢的模样。只是毕业之后摸爬滚打的这几年，让我明白了一个道理：如果你想活成极少数，首先你要活成大多数。

生活就像闯关，你必须一路过关斩将，才能越来越接近你想要打倒的大 Boss。而活成生活中的大多数，是我们想打倒大

Boss 要闯的第一关。它当然不是让你随波逐流、妥协，变得世俗，而是一种考验、一种前提。如果你连大多数人都可以做到的事情都做不到，连大多数人都能过好的生活都过不了，又有什么资本扬言可以去过 1% 的生活？

曾经我和很多人一样，对放弃北京这个满地都是黄金、到处都是资源和机会的城市，回老家找一份安稳的工作、买房买车、结婚生子的人嗤之以鼻。

我总觉得这些人是生活中的胆小鬼，是断送自己前途的刽子手。他们要么幻想一步登天，在短时间内没有实现这一理想，就深受打击，觉得前路毫无希望；要么贪图安逸，根本不想给自己一个吃苦打拼的机会，只想回到老家，去过一成不变的生活。

生活中，这样的人屡见不鲜。

从大学同学，到认识的同事、朋友。

直到上周我回老家，参加一个大学同学的婚礼。我才为自己的这一想法感到无地自容。

大学宿舍姐妹里，有两个女生都是老家的。

其中姑娘 Y，在实习的时候就回了老家。当时大多也是因为爱情。在北京上学三年多，跟在老家的男朋友聚少离多，能够实习往学校外面奔的时候，她的第一想法就是赶紧回去跟男朋友厮守在一起。

◎

她家庭条件很优越，老爹是开驾校的。所以，在我们这些小女子还在苦哈哈地为找一份什么样的工作四处无门的时候，她老爹已经在老家为她买了栋别墅，为她创造了一马平川的生活。

我毕业之后，出差时见过她一次。她刚学会开车，跟男朋友开车来接我，还跟我说，她在考会计证，以后想办法找个会计的工作。说她男朋友也在考公务员，如果考下来了，那他们两个都算是稳定了。

再见面，就是几年后的上周，参加另一个姑娘 D 的婚礼。

Y 还是跟男朋友一起来接我们，只是这次她自己开一辆车，男朋友开一辆车。而不是像上次一样，她刚开始学车，还不敢上路。

Y 跟我和同去的两个姐妹说，她现在已经是国企单位的在职人员，每天工作也不忙，也不缺钱花，就是份工作，可以交五险一金就行了。她男朋友考上了公务员，每天在单位上班，也挺好的。

他们婚后就住在别墅里，离她父母家很近。工作日的时候，她和老公在家做饭，周末的时候就回父母家吃饭。

◎

在D婚礼结束的下午，Y带我们去她家的大别墅玩。

三层楼加地下室，还有一个超级棒的小院子。我和几个姐妹都赞不绝口，觉得Y的生活甚是舒服。

Y说，小城市的别墅不值钱，这一栋别墅也就两三百万。这点钱跟北京的房价比，微不足道。

两三百万，在北京买房的话，的确不算多，但是也不少。

在这两三百万面前，有那么一瞬间，我觉得自己日日夜夜为之奋斗的理想，显得多么微不足道。

你拼了命才能有的东西，人家轻而易举就有了。

先不管这些东西是她的，还是父母给的。父母就她一个孩子，赚了钱不给她还会给谁用呢？的确有一些人，回家之后贪图安稳，过的只是平常普通的小市民生活，但是也有一种人，他们回家之后，过着比你还优越的“富二代”生活。

在Y身上，我觉得人家没理由放弃现在的生活，跟我们一样在北京打拼。或者即使她来北京打拼，也不会过得太差。

只不过是把在老家花的两三百万的别墅钱和两百多万装修的钱，都拿到北京买一套房子罢了。

那天下午，他们开车带我们去当地的风景区玩，因为同去的还有两个外地的大学同学。他们约了平时在一起玩的朋友。一个 90 后的小青年，开着宝马，带着女朋友，来跟我们会合。

他们吃得好，住得好，一年四季想去哪里玩就可以去哪里玩，不限国内外；大城市能买到用到的东西，人家也可以买到用到；你想要买的名牌包包，人家衣橱里已经放着好几款；你走在路边看着眼红的车，人家早已开了好几年，在这些小青年面前，我找不到他们不继续在老家生活的理由。

还有结婚的 D 姑娘，过得也不错。140 平方米的新房，一辆 20 万的车，家庭和睦，工作稳定，样样俱全，什么都不缺。

后来想想，他们想在老家生活也挺好的。而不得不承认，在北京的我们，之所以那么拼命，是因为我们太缺乏。因为我们的野心太大，而现实条件无法满足我们的野心。

◎

曾经有一个同事说很羡慕我，那么努力，工作那么拼。可我从来不会因为她的这番话而沾沾自喜。因为我深知自己跟她的起点是不同的，她结了婚，有了娃，在北京有两套房，有车，老公有公司，她没那么拼很正常。

她老公在外面赚钱的时候，她需要带娃照顾家。她能出来工作，找点自己喜欢的事情做，我觉得就已经很棒了。

我跟她说，我那么拼，是因为我太匮乏了，我缺的东西还很多。但你不一样，你现在的生活，根本不需要你去拼命。

有时候，我们之所以焦虑，是因为我们太想过上标配的生活。不得不承认，有时候我们的焦虑的确来自我们在现实中过的生活与期望不符的矛盾。

我觉得 30 岁之前就应该买车、买房、有存款，工作有模有样，所以为了这样的标配，我的确在不停地努力奋斗。有时候，看到很多比自己年纪小一些的人，已经过上标配的生活，还会加重自己的焦虑。

现实生活中，如果你没有那么一点东西傍身，你很难随心所欲地去生活。

对我那个大学同学 Y 来说，她现在过的就是随心所欲的生活。上班的时候上班，不上班的时候就出去玩。假期约几个朋友出去旅行；喜欢什么奢侈品，直接飞国外买回来。可以早睡早起，也可以晚睡晚起，生活没人约束，自然有更多的自由。

但是我想不是每个人都有 Y 这样的运气，都有那么一个会挣钱的老爹。

在你想要自由之前，还是要有一定的物质基础。

记得当时快毕业的时候，特别想考研究生，老师给我开了一堂课，说考研的几个要素。他说，第一是要身体健康；第二是要不缺钱；第三才是专心学习。

是啊，身体健康永远是做一切事情的根本前提，而不缺钱也永远是紧随根本前提之后的必备条件。

有一段时间，经常听《开讲啦》那个节目。发现不管是马云，还是朱德庸、严歌苓，没人是生下来就天赋异禀的。严歌苓在节目里说，她觉得自己不像外国大文豪那样的聪明人，所以她只能踏踏实实地读书写字。朱德庸在节目里说，他不是天才儿童，他不过是对于一件事比别人更专注地去做罢了。

马云做阿里巴巴，并不是因为什么豪情壮志，而是因为他们几个合伙人找不到称心的工作，只能逼自己出来单干。

还认识一个作家，没有多少钱，但也不缺钱。他绝对不属于那种喜欢钱，想过舒服日子的人，但是他也有一处房子栖身，有固定的稿费支撑，生病的时候看得起病，想出国考察的时候拿得出钱。

我们看到的那些不凡，其实都是从每一个接地气的平凡开始的。

如果你想活成极少数，那最好的前提是，你先活成大多数。

在看清现实的基础上，融入现实，然后站在现实之上。

只是在融入现实的时候，千万别把自己的初衷丢了，别把自己未来的追求丢了。

不过举步维艰的生活，但也不迷失于现实生活的诱惑。

闯过了这一关，你就可以开始打大 Boss 了。

总结：

1. 打败永远比逃避更有用：去打败现实的人，往往都是强者；去逃避现实的人，自然是弱者。

2. 你想要过上怎样的生活：想清楚自己究竟想要什么样的生活，去实现它。

第二章　有效社交

你不必刻意融入圈子

自信独立的人，
从来不会迎合他人，
也不会因为不合群，
而感到惊慌失措。

你不必刻意融入圈子

人为什么会有自己要合群的想法呢？
是因为你没有足够的安全感，害怕被人孤立，没有朋友？
还是因为你不够自信，对自己所做的事情，还不够坚定？
所以相比之下，你更愿意委屈自己，去和那些与自己不是同类的人打成一片。

◎

去参加一个作家的新书发布会，一个女生问作者："我不太合群怎么办？"

她平时喜欢读书，喜欢文艺类的东西，但是长久下来，她觉得自己越来越不合群，跟同学和身边的朋友都没什么可聊的。每次都要非常努力地去迎合他们，迎合他们之后，自己又会感到心累。

作家回答她：“你为什么非要合群呢？不合群又能怎么样？真正了解你的朋友，一定会懂你；不是你的好朋友的那些人，你也没必要去迎合他们。”

这个回答让我怔了一下，我仔细想了想，好像的确就是那么回事。只是为什么从前的自己没想到呢？

大学毕业以后，还保持联系的大学同学里，从事图书行业的只有我一个。几个关系很好的同学，不是回了老家，就是在北京从事时尚编辑、传媒策划等行业。你和他们在不同的圈子里越久，你就越会发现自己跟他们不同。

记得有一次，跟几个关系比较好的同学约饭，约在西单大悦城。那天我心情很低落，我不太想去太吵闹的地方，想找个安静的地方坐一坐。但是西单大悦城人非常多，也非常吵，我们约饭的地方，满满全是人，根本听不见对方说话。

介于好久没跟她们见面，也介于自己的心情跟她们没关系，我在那里坚持吃完了午饭。吃完饭之后，又一起去逛街，还是在大悦城里面。一直到我回家之前，这种吵吵闹闹人来人往的情景，一直持续着。那一天我的心情别提多糟糕了。

我有预感，我渐渐地跟她们不合群了。就像有一次其中一个女生问我有没有看过一个娱乐节目，那个时候那个娱乐节目刚出来，我还没看过。她特别开心地说，她要回家看那个娱乐节目。我问她：“是什么娱乐节目，没看过。”她当时觉得我活得很没劲。

后来我回家抽时间，看了几期她说的娱乐节目。我想，这样的话，下次见面聊起娱乐节目的时候，我多少知道这个节目是什么，都有哪些人在里面。可是我自己到底对那个节目感不感兴趣，还真不好说。

回头想想，我做过很多这样刻意去迎合他人，自己又不情愿也不感兴趣的事情，只是为了显得自己合群，为了显得自己不落伍。

可是，我从来不跟她们讨论文学，讨论书，讨论理想。因为我知道，这些话题，她们不感兴趣。

我也知道我们的交集就是吃吃饭、逛逛街、聊聊自己的男女朋友、聊聊以前的老同学。

当然，吃饭、逛街这些事情，也是我生活的必需品。但是我有无必要在这些事情之外，去改变自己，迎合她们？

◎

以前还去过一个很有意思的公司上班，大公司，关系复杂。

私底下，同事喜欢拉帮结派，如果你不跟他们一起吃饭、聊天、骂领导，他们就会排斥你，觉得你跟他们不是一伙儿的。一开始刚到公司，谁也惹不起，加上不好意思拒绝他们，夹在他们和自己的良心之间，拉扯了一段时间。

后来自己的工作渐渐多起来，变得很忙，没时间跟他们吃饭、聊天、扯闲篇了。果然没过多久，他们就开始排斥我，觉得我跟他们不是一伙儿的。以前还跟我有说有笑，后来每次见面就是爱答不理；以前有什么消息还会通知我，后来嘴巴像是被胶水粘住了一样，对我滴水不漏。没错，我不是他们的人了，人家要离我远一点。远一点不说，搞不好还要嫌弃我，算计我。

但是我并不是只有工作的人，除了工作，我还要学习，还要读书，还要写东西。我没有那么多精力跟他们拉扯。

只是在这件事情上我发现，人会随着环境而改变。为什么有些公司里明争暗斗的人那么多？可能这些人刚开始都像刚毕业的大学生一样，满腔热血，真诚善良，只是到一个环境里待久了以后，会开始受到环境的影响而改变。

从前不喜欢欺负人的，被人欺负久了，也开始欺负别人；从前不喜欢背地里说别人坏话的，和总是爱说别人坏话的人待久了，也开始说别人坏话；从前觉得自己工作挺好的，自己的目标也很明确，后来和那些又懒又蠢又爱抱怨的人待久了，就开始觉得自己的工作很没意思，挣钱太少，领导太抠，自己太累，不值得。

这就是大多数情况下，你改变自己去合群的结果。

我是一个直线思维的人，没那么多小心思、小心机，但是我可以选择从他们那种氛围里跳出来。当我在那个公司感到烦躁和不安的时候，我选择了辞职，我必须离开这家公司。我眼睁睁地看到一些本性很好的同事，慢慢地变得钩心斗角，我也开始慢慢地感受到从前跟我关系很好的同事，开始防着我，远离我。

离开那家公司我是庆幸的，甚至我变得比从前还要温和。在那家公司工作的期间，我写了《年轻，就是这么任性》那本书，现在那本书我自己都不忍目睹，满是怨气、戾气、愤愤不平，哪一点像我自己？

有些读者看了我的新书之后也跟我说，真不相信这两本书是同一个人写的。还说，《我们还年轻，不够好又有什么关系》才更像真实的我。

还好我及时脱离了那个糟糕的环境，否则不知道自己会变成一个多么糟糕的人。在现在的公司，我依然是自己做自己的事情，同事和领导都很友好，没有人拉帮结派，没有暗地里的算计和钩心斗角。我不需要去迎合什么人，也不是非要跟大部分人合群。

当你做的事情越来越多的时候，或者在某个领域走得越来越远的时候，你注定是不合群的。别人在八卦的时候，你在工作；别人回家打游戏的时候，你在读书；别人周末出去吃喝玩乐的时候，你在培训班里学习。你跟他们还怎么合群？

◎

人为什么会有自己要合群的想法呢？

是因为你自己没有足够的安全感，你害怕被人孤立，没有朋友；是因为你对自己不够自信，对你自己所做的事情不够坚定。所以相比之下，你更愿意委屈自己，去刻意迎合那些人。

那么打破去迎合别人的第一步，就是自己先建设好自己的内心。你确定自己所做的事情、所喜爱的东西，都是自己喜欢的，是对自己有益处的。它们能带给你成长，能让你开心快乐。

接着不妨按照上面我说的那样，把你身边的人分成两类，一类是你真正的朋友，即便你保留自己的空间，活在自己的世界里，他们也能够理解你，跟你做朋友。这一类人，不需要你去迎合他们。

另一类是他们不是你真正的朋友，只是泛泛之交。你只要有一点看法或者想法跟他们不一样，他们就会讽刺挖苦你，觉得你是个奇葩，那么这样的人，你觉得自己是否还有必要去迎合他们？

道理非常简单，曾经一个好友遍天下的 CEO 也跟我说过，你真正的朋友，不管你做了什么，一定都会站在你这边，理解你；至于那些看你笑话，不理解你的人，他们不是你真正的朋友，你根本没必要去在意。

◎

人成熟了，活久了以后，就会明白：人首先是为自己活的。

先不说你跟身边的人合不合群，你跟大学同学或者同事合不合群。长大之后的你，跟你的父母合群吗？跟你的兄弟姐妹合群吗？

慢慢地，跟你的父母之间，除了打打电话，嘘寒问暖，报报平安，聊聊自己赚了多少钱，工作累不累，什么时候结婚买房，你能跟他们聊的事情已经越来越有限。你能跟他们聊工作的内容和经历吗？你能跟他们聊对爱情真正的看法，和内心真正想要的在思考的东西吗？估计很少有人能够做到跟父母聊这些，有些时候，不是我们不想说，是怕说了，他们也未必明白。

但是我们跟父母和兄弟姐妹不合群的时候，他们嫌弃过我们吗？厌恶过我们吗？排斥过我们吗？还是说，他们一如既往地关心着我们，呵护着我们，在他们力所能及的事情上，帮助我们？

一个人在这个社会上扮演的角色越多，社会关系越复杂，就越来越只能为自己活。你必须先照顾好自己，吃得好，穿得暖，衣食无忧，工作稳定，爱情幸福，才能退而求其次地去考虑你的家人、朋友、同事。

如果生活之中，你处处都要合群，你真是在逼死自己的路上越走越远。首先你没那么多精力去迎合每个人，再者，也不是所有人都值得你花心思去迎合。

先把自己的事情做好，照顾好自己，然后再去交真正的朋友，把认识的人分门别类。

酒肉朋友要有，他们可以让你开心、放松、欢笑，但没必要处处迎合，非要成为跟他们完全一样的人。

跨领域、跨阶层的朋友要有，他们可以让你了解新的领域，增长见识，但是不懂就是不懂，不感兴趣就是不感兴趣，也没必要非把自己跟他们混为一谈。

假如周末你想在家看书，朋友非要约你出去打麻将，你可以选择拒绝他们，而不是非要放弃自己的计划，去迎合他们。

假如假期你想在家睡个昏天黑地，同学非拉你出去旅行，你也可以拒绝他们，那是你的自由。因为去了，你也不会很高兴。

假如同事们拉帮结派，拉你入伙，你觉得自己跟他们不是一类人，也没必要加入他们。因为加入了他们，他们一样还会伤害你，让你身心俱疲。

假如你不喜欢打游戏、看剧，你可以表明你的立场，因为你也没指责过他们没利用闲暇时间去读书学习。

知道自己想要什么，在做什么，不要玻璃心，别不堪一击。

用心做好自己的事，你不一定非要去合群。

总结：

1. 迎合别人是因为你不够自信：自信独立的人，从来不会迎合他人，也不会因为不合群而感到惊慌失措。

2. 学会辨别群体：什么样的群体值得融入，什么样的人值得结交，学会区分，是每个人在成长路上的必修课。

扔掉社交情绪，你其实没有那么多观众

即便你不能在生活中处处做你自己，
也不要因为他人的眼光，去做别人。

◎

假期去泰山，一路上均对山东人印象良好。只是在坐高铁回来的路上，稍微出了点“意外”。

刚进车厢没走几步，就听见有两个女生在吵架，准确地说是在骂架。一开始还骂得很“含蓄”，骂对方“贱人”“不要脸”之类的，慢慢地火气上来了，人也越来越多，两位开始破口大骂，

什么难听骂什么……后来甚至有打起来的架势。

当时我的座位 5 号 A 座在车厢前面，由于我从车厢后门进去，所以被堵在了后面。当时我只听见两个人互骂的声音，但是看不见具体是哪两个人。

后来在大家的劝架和不耐烦的催促下，她们终于各自休战，回到了自己的座位上。我也好不容易找到了我的座位，靠窗。我跟坐在外面的女生说："不好意思，我进去一下。"她没动，像是没听见我的话。还好是一等座，位置比较宽敞，我自己挤了进去。

坐下之后，我心想，旁边这女生，不会就是刚才骂架的其中一个吧。因为正常情况下，我说要进去，别人肯定有反应。可是，如果是骂架的女生，一是还在气头上，不想搭理人；二是，她可能以为我看到她吵架了，怕我对她印象不好，不好意思跟我讲话。

还好我带了一本茨威格的小说集，就默默地在一旁看书。

车开动几分钟后，我听见旁边的女生给她老公打电话。

她说："那个女生先开口骂的我，所以我只好还嘴，也骂那个女生。"接着说，"我一向嘴笨，从来不跟人吵架，是她逼我的。"

好像是电话里她老公问她那个女生的情况，怎么吵起架来的。

女生继续说："在车站候车厅的时候，我的位置被那个女生占了，没办法放行李。后来上车的时候，那个女生用包推了我一下，就吵起来了。”还说，“真要打起来，我也不怕她，她个子比我矮。”

我觉得她一方面是心慌，打电话给自己的老公说说，有个依靠；另一方面，她打电话时四周的人都可以听见，她是说给四周的人听的。后来她还说：“当时我都想打那个女生来着，气死我了。只是现在不行了，现在气都消了。”这句话，肯定是说给四周的人听的，因为她可能觉得在刚才的那场骂架中，自己没那么厉害，丢人了。现在打电话，把自己的面子挽救回来。

当时为了不让她尴尬，我只是低头看书，也没有看四周的人，到底有没有人听她打电话。

不过我想，应该没有多少人会关注她。甚至附近的人可能都跟我一样，是从后面过来的，根本不知道刚才吵架的人是谁。

在北京地铁里，这种吵架的情况屡见不鲜。可能大家都着急上班，心浮气躁，但是把事掰开来看的话，真想在公众场合吵架的人，应该没有几个。

◎

只是当一个人当众骂你，你觉得在众人面前，你必须还嘴骂回去，否则多丢人。

就像坐在我旁边的女生一样，她本来是不喜欢跟人吵架的，也不会骂人。但是迫于各种原因，跟别人对骂起来，最后把自己弄得很难堪。

我们总是被他人“绑架”，越来越远离自己的本心。

我知道身边的这个女生是刚才吵架的人，看到她因为不好意思不理我的时候，我心里非常想缓解尴尬，非常想对她表示友好，告诉她我并不介意，不会因为刚才的事对她另眼相看。我想其他人也是，也不会因此对她有什么成见。出门在外，大家都急着赶路，又是在火车里，什么事情没见过，更多的应该是体谅。

可是人一旦陷入被他人“绑架”的感觉里，就再也不能理智地看待一件事情了。

所有的发泄，都来自当时一时的激动、难以自制。

记得小时候看过《意林》里的一篇文章，大概也是说，其实你不必太在意其他人的眼光。

文章里说，一个小女孩在下雨天穿着裙子跌倒了，她非常气愤，又非常尴尬，因为是在马路上，她非常担心有行人看见这一幕。可是那个时候，因为下雨，大家都在匆匆赶路，谁也没看见她摔倒。用古装剧里常出现的话来说，我们总是败给自己的“心魔”。

我们被“心魔”缠绕，总以为自己是焦点，对自己的言谈举止战战兢兢、瞻前顾后，从而忘记了，其实有时候，我们根本没那么多观众。

后来车厢后头又有两个男人吵架，年纪三四十岁的样子。因为什么吵起来的，我也不清楚，只是后来吵架声太大，就听见他们互相喊了起来。其中一个男人说：“你他妈的别指我，你再指我一下试试！”另一个人说：“是你先指我的，你骂谁呢你！”前面男人又回嘴说：“你还指，你还指，信不信我把你的手指头给掰断！”

一个女乘务员过来了，她弱弱地劝架说：“大家出门都不容易，少说两句。”周围的人也都劝，别吵了，没多大的事。

在大家的劝说中，他们消停了。只是其中先说对方指他的男人，还不甘示弱地、骂骂咧咧地说要揍对方。对方一听又急了……

唉，我在想，如果旁边的女生被骂了，当时不搭理那个骂她的女生会怎么样？还有后面这个男人，如果不接茬那个要揍他的男人会怎么样？会颜面尽失吗？会觉得无地自容吗？会觉得自己吃了亏吗？

我当然不是说，我们受欺负的时候就任由别人欺负，不还嘴。

我只是想说，有时候，我们要做自己，把控自己的情绪，别被臆想出来的人绑架，硬把自己推上台。

善良的人做善良的事，诚实的人做诚实的事。

即便你不能在生活中处处做你自己，也不要因为一时的情绪去做“别人”。

每当你遇见此类事情的时候，在心里多想想，没有那么多人在看着你，你也没那么多观众，或许就能大事化小，小事化了了。

总结：

1. 你不是世界的中心：这个世界上有很多人，生活中每时每刻都在发生很多事，你不是这个世界的中心，你只能是自己的中心。

2. 别因为他人改变自己的笃定：如果你是一个善良的人，即便一万个人喊你去欺负一个弱者，你也应该对他们说 No。

别畏惧困难，迎面解决它

生活在这个世界上，你什么都不要怕。
因为到最后，你会发现：当你战胜了自己，就能够战胜一切。

◎

朋友A最近因为工作很忙，压力很大，时常担心自己会积劳成疾。

他跟我说，每当忙碌一天回到家的时候，心里总是有点怕，怕自己会不会有一天突然得了什么病，彻底倒下。

毕竟生活在大城市里的人，多少有些“病”，不是这里不舒服，就是那里有点疼。而且还时不时地会看到新闻里谁谁谁因为工作猝死，谁谁谁年纪轻轻得了癌症的消息。朋友A平时工作那么拼，不分白天黑夜，不分节假日，再加上别人都劝他要好好休息，注意身体，他自然就对自己的身体有些忧心。

“是啊，我会不会有一天过劳死啊？”他经常跟我这样说。

为了让他放宽心，我给他讲了我小姨的故事。

今年夏天是我第一次见到我小姨，以前她只活在我妈的嘴里。记得我上高中那会儿，我妈就跟我说，你小姨快要不行了，得了血癌，去北京协和医院都没治好。人都说协和医院治不好的病，其他地方更治不了了。

这些年，我以为小姨已经治好了病，因为没有从我妈那里听到什么不好的消息。

直到今年，我和丹丹同她一起吃饭。

她整个人有点浮肿，但精气神很好，提着LV，脚蹬高跟鞋，一副雷厉风行要干大事的样子。

吃饭期间，她指着自己的肚子说，我这里面有一个鸡蛋那么大的瘤，医生说我早就该没命了，我该吃吃该喝喝，该做什么做什么，不去想它，也不管它，现在活得好好的。

之后她又神采飞扬地给我们讲了她要做投资的事情，天南海北地聊了一通，好像那个瘤对她来说，就像是说出去的一句话一样，说完就完了，被她远远抛之脑后。

我很佩服她，因为从前年开始，我自己的身体也出了点毛病，我也很担心，总害怕恶化什么的。见了她之后，我才发现，人活着，有时候就是不能怕，别怕病，别怕老，也别怕死，慢慢地你就会成为一个命硬的人。

我希望小姨的事情，也能安慰到朋友A。

生活在这个世界上，我们什么都不要怕。

◎

跟小姨性格相反的人是我妈，她自己有一个大药箱子，天天吃药。她先说自己得了胆结石、胆囊炎，后来又说自己得了灰指甲、类风湿、抑郁症，到今年更严重了，她说自己右眼看不见了、脊椎不好，还有肾炎、胃炎、胰腺炎。

我和丹丹很头疼，也很担心，胰腺炎这个病是很严重的，我们一直催着她去医院治疗，她偏不去，说要上班。上班吧，回家又天天喊着疼。

10月，正好丹丹结婚，她从国外回来，有一天她说胃疼了一夜受不了，我直接带她去做了检查。我想既然到医院了，索性全身都检查了吧，到底有什么病，严重不严重，该怎么治疗，一并检查。

因为她总念叨说右眼看不见了、有胰腺炎，她在韩国做检查，医生说的话她也不完全懂，我们更不知道到底什么情况，索性就在国内查个清楚。

从早上查到下午5点医院关门，除了眼科没看，其他的都检查完了。

肝、胆、脾、胃、肾都没问题，也没有胰腺炎，没有风湿。就是腰椎有一节骨头滑脱了，不能干重活，否则腰会疼。医生说如果腰疼得厉害，就做手术，要是能忍受，就多注意点。

第二天去眼科，查查她右眼看不见是怎么回事。她说不查了，因为我们本来当天要走，没走成，第二天她想走，我说一起查了吧，查完了都安心。

眼科医生说她近视，戴上眼镜，右眼可以看见，拿掉眼镜看不见。

我也松了口气，她一直说自己右眼看不见了，瞎了，把我们吓坏了。

检查完之后我跟丹丹报平安，说她没大事，就是腰椎不太好。

以后每年陪她做一次检查，大家都安心。

在对待生病这件事情上，她和小姨真的完全不同。之前没有带她做检查的时候，她自己天天嘀咕，说自己这儿疼那儿疼，说自己要不行了，活不了几年了的丧气话。因为觉得自己身体有病，只要有点不舒服，就紧张害怕得不行。

其实在我妈身上，我也明白一件事。

有些事，如果你担心害怕的话，就去解决它。你觉得自己身体有毛病，就去做检查，真的有病了，就治疗。不好好检查，也不去治疗，每天自己吓自己，真的没什么益处。

◎

《外婆的道歉信》里，女孩爱莎想在圣诞节的时候穿上蜘蛛侠的衣服，可是又害怕其他人嘲笑她。她说："他们都觉得没有女孩穿蜘蛛侠的衣服。"

外婆的朋友阿尔夫跟爱莎说："你想一想，如果你的外婆还在，她会希望你穿什么？她会希望你能够穿上自己喜欢的衣服，至于其他的人，管他呢，去穿自己喜欢的蜘蛛侠衣服吧。"

我们的生活里很少有这样一位外婆，但经常会有和爱莎一样的遭遇。

很多时候，很多人都说，你那样是不对的，你这样做才得体。在这些是是非非里，我们胆怯地不敢去要自己真正想要的东西，做自己最想要去做的事。

这时，我想你应该告诉自己，不要怕。

不要怕是是非非，不要怕指指点点，你觉得那是对的，就坚持去做；你觉得那是你自己最喜欢的，那就去争取。没有外婆，但你有自己。

在任何糟糕的状态下，都不要怕。

不管遇到怎样丧的事情，也坚信自己能够解决它，挺过去。

到最后，你会发现：只要你战胜了自己，就能够战胜一切。

我们都会像小姨一样成为一个命硬的人。**生活在这个世界上，要不怕病，不怕老，不怕死。**

我们也会成为像外婆一样的人，不怕流言，不惧蜚语，只做自己。

总结：

有时最大的敌人是我们自己：恐惧解决不了任何问题，甚至会变成自己吓自己。当你选择逃避，解决问题便遥遥无期；当你选择面对，所有问题都会迎刃而解。

成年人的世界里，没有“笑话[illegible]二字

跟很多人聊过天，听着他们的故事，[illegible]是揪着疼。
他们让我知道，活到后来，每个人[illegible]不容易，
每个人的心里都有说不出的苦和[illegible]的疼。

◎

人年纪越大，秘密[illegible]多。因为经历的事情多，心事自然也越来越多。

很多人越来越不敢说心里话，讲真话，因为总怕别人知道了以后，笑话自己。

可是我觉得人成熟以后，去笑话别人的时候很少。大多数情况下，我们开始学会感同身受，明白他们的“不堪”、不容易。即使我们没有相同的经历，但在我们有了一定的阅历、经历了一些坎坷和艰难以后，也不会对他人的不堪嗤之以鼻。

去年，一个高中同学离婚了，在同学圈子里传得沸沸扬扬的。说她是被家暴，老公经常打她，后来老公出轨，跟她离了婚。我记得那个女同学长得很漂亮，人也很好，是一个性格非常好的女孩。她好像也知道了大家知道她离婚的事情，再也没有出现在我们的同学圈里，几乎是销声匿迹了。

直到后来我遇见同学A，她跟那个女孩关系很好，了解很多关于那个女同学的事情。

A说，曾经她大年初一去过那个女同学家。

到她家之后，A发现几年不见的女同学，暴瘦，并且眼角和颧骨全是青紫青紫的。女同学告诉A，昨天晚上刚被她老公打了一顿。

A说，当我看见一个如花似玉的女孩，被一个“变态”折磨成那个样子的时候，我更多的是心疼，特别心疼。

女同学跟A说，她的事情，她不敢跟任何人说，怕别人笑话她，看不起她。每天晚上都一个人偷偷地哭，把委屈往肚子里咽。

同学 A 当时劝她离婚，女同学不肯，她说自己舍不得两岁的孩子。她跟她老公是奉子成婚，结婚没多久就生了个男孩。如果离婚的话，孩子不一定能让她抚养。

女同学跟 A 说：“你也许会觉得我傻，觉得我自作自受，可是我就是舍不得，我还想再坚持坚持。”

在 A 见女同学不久之后，就听到了女同学离婚的消息。并且她是被离婚的，这不禁让人唏嘘。A 跟我吐槽说，早知道是这样，还不如当时先离了呢。

关于她的事情，我知道以后，更多的也是心疼。我并不会嘲笑她，早早嫁了人，被家暴，也不会鄙视她被打成那样子，还不愿意离婚，最后老公出轨把她甩了。

我虽然没结婚，但是我想我理解这一切。

◎

这世间的很多事情，说不清楚也没有轨迹可寻。如果事事都那么容易，都可以分得清是非对错，都可以轻松决定放手还是继续纠缠，那人生简直要轻松多了。可是，爱恨纠葛的事情，怎么可能那么容易说清楚呢?

即便当时我知道她被家暴后，还想维护一个家，还爱那个人，我也不会骂她傻，也不会逼她离婚。“人最终是要遵从自己的内心去活”，我们决定不了别人的生活，她心里渴望那样做，她还有希望，她还要坚持，为什么非要阻止她，对她说“不”呢？

人心真的是越活越软的。

平日里，同事如果因为什么出了错，被领导批评，或者被公司辞退，首先冒出的念头，不是看人家笑话，而是同情和感同身受。

你做过事，就知道做事情的不容易，也就知道他们的不容易。今天出错的是他，明天可能是自己，即便他做的事情，跟你的工作毫无关系，难保你不在其他地方栽跟头。

也许我没结过婚、离过婚，但是我缺过钱、受过伤；也许我没有犯过什么大错、被炒过鱿鱼，但是我也被领导当众批评过、教训过……很多事情都是相通的，不是吗？

只要你稍有经历，稍有教养，稍有反思，你不会看到大街上一个人骑车摔倒，就放声大笑；也不会因为某个同事被公司公开批评，就幸灾乐祸；你不会对别人的不幸，以看客的身份给予嘲笑；你不会因为他人暂时的跌倒、栽跟头，落井下石。

因为你知道，活着，每个人都不容易。

当然不排除有那么一种人，他们就是喜欢看别人倒霉，听到别人不幸的事情，各种八卦、讽刺；对别人遭遇艰难的事情，嗤之以鼻。

◎

有一句话说：“骨子里自卑的人，他们总希望看到别人出丑。”

对于那些喜欢看别人出丑的人，我只能说，他们只占少数，只是那么一小撮，不必听也不必信。

后来跟很多人聊过天，听过他们的故事，内心都是揪着疼。他们让我知道，活到后来，每个人过得都很不容易，每个人的心里都有说不出的苦和别人帮不了的疼。

不知道你是否也跟我一样，越来越害怕知道，别人没有看起来过得那么好。

• • •

总结：

保持一颗善良而正直的心：穷人富人、强者弱者，全都要以平等心来对待。不嘲笑别人的不幸，也学会为别人的幸运鼓掌。

你已经过了去争“对错”的年纪

当你要做的事情多到自己24小时不睡觉都做不完的时候，
你就再也不会事事都较劲了。

◎

电影《后会无期》有这么一句话：“小朋友才分对错，大人只看利弊。”我想这句话的意思大概是说，人成年之后，对很多事情不分对错，更看重的是利与弊，只有不成熟的小孩子才会去讲对错。

而今天我想说的“对与错”，是另一层意思。

生活中不乏这么一种人，凡事都要分清楚谁对谁错，哪怕芝麻大点事，也要争得面红耳赤，分出个胜负。

比如某天我去公司楼下星巴克买咖啡，看到同事和一位男士起了争执。

事情的经过是这样的：当时排队点单，我站在他们两个人的后面。同事在最前面，那位男士在中间。他好像在招待外国客户，起先是他在队伍的最前面，可是他要去问客户想喝什么吃什么，所以他离开了一下，在得知客户想要的东西后，才又回过头来点单。

可是这个时候，同事已经排在他前面了。当同事要点咖啡的时候，他刚好回来了。马上大步向前说，他是先到的，他要先点单。同事说："明明是我在你前面，我应该先点。"那位男士说："店员可以做证，我刚才是不是在你前面。"说完之后，他又质问店员，让店员证明他的确是先来的。

店员也不知是怎么想的，跟我的那位同事说："先生，我可以做证，这位先生刚才的确是在您前面。"

同事气不过，站在点单的男士面前据理力争，他说："你这样做是不对的，我明明在你前面。"

点单的男士一脸不屑地表示："我没什么不对，店员都给我做证了。"于是他想点单，同事偏不让他点，那位男士也不让步，两人争执不休。

因为这点小事情，他们僵持了不止五分钟。不知两位有没有想过，在他们吵架的这段时间里，可能连我的咖啡都已经点完了。

如果这件事情非要分谁对谁错，我觉得的确是那位男士不对。虽然你之前排在前面，可是后来你又走掉了啊，回来后你就要重新再排。

但是我觉得这件事情不值得两个大男人众目睽睽之下去争谁对谁错。因为他们争执的时间，早可以把两个人的单都点完。

同事一脸风尘仆仆，看起来超级赶时间的样子。我心想，都这个时候了，还跟那个男人计较那么多干吗。他想先点就让他先点，根本不需要因为这件事情又是争论，又是找证人，耽误时间，耗费精力。

至于那位男士，我也很不理解。

他的那位外国客户还在呢，他就在咖啡馆里和他人因为这点小事争得死去活来，真的不会觉得丢脸吗？

◎

当你的事情越来越多，多到自己 24 小时不睡觉都做不完的时候，你就再也不会事事都较劲了。

所以，后来的我们不去计较对错，是因为有些事情根本不值得我们去浪费自己的时间和精力。你对了又怎么样？别人错了又怎么样？除了能够得到一时的快感，还有其他什么吗？

有些事情，无伤大雅，得过且过。

有时间去跟别人争什么对错，还不如用自己宝贵的时间，去工作，去赚钱，去改变人生；有精力去跟别人吆五喝六，还不如省省力气，用自己宝贵的精力，去自控，计划将来，创造更多的可能。

也是在这样的前提下，生活中不管出现了什么问题，我的第一反应都是，这个问题我应该怎样弥补，如果无法弥补，我应该怎么解决。而绝不是去责怪谁，去找是谁的错，然后大发脾气。

第一，不好的事情已经出现了，怪谁都没用，重要的是解决问题。

第二，你发脾气不但解决不了问题，还会让你费心费神，何必呢？

我要的是在问题出现之后，尽可能快且有效地解决问题，之后认真地反思问题出在哪里，避免下次再出差错。这才是我真正要达到的目的。

◎

记得以前做过一本明星书，一个环节没有沟通好，有了误区，导致明星很不高兴。当时明星经纪人炸了，在微信群里一顿狂轰滥炸。说明星跟她发脾气，说她领导气得差点把桌子掀了，说我们没有工作效率，说她之前也做过明星书，从来没出现过这样的问题。她就这样噼里啪啦地在微信群里怪这个怪那个，就是不说怎么解决问题。

在第一时间，我就跟她说，先别急，我们这就打车过去找你，有什么问题我们当面说清楚，一起想办法解决。

然而这位经纪人从我们上车前一小时，一直骂到我们到达她们公司。后来我实在忍不了了，说："现在出了问题，我们就解决问题，你在这里狂轰滥炸发脾气，说谁做得不好，谁的错，谁垃圾，有用吗？你在这发脾气骂人都两个小时了，如果你骂人有用，你接着骂，我们先回去。如果想解决问题，给明星一个好的解释，那我们一起想办法解决问题。"

即便这样，本来可以很快解决的事，因为非要分个什么对错好坏，骂骂咧咧的，从下午 4 点一直争吵到晚上 9 点才解决。那天是周末，好不容易大家都休息，为了那么一件冷静下来打电话五分钟可以解释清楚的事情，折腾了一个晚上。真的很心累。

成年人了，遇见事情，为什么不能冷静下来，想想问题出在哪里，怎么解决呢？

骂人是爽，占了上风的确很威风，可是有什么用？问题能解决吗？下一次是否能避免问题再次发生？

并且一般能跟我们发生冲突的人，多数都是平日里打交道、有来往的人。得饶人处且饶人，凡事想开点，如果生活中事事都去计较，都要分对错，人还怎么活？

◎

最近跟男朋友同居的S跟我说，最讨厌她男朋友挤牙膏的时候从中间挤。提醒过他很多次，还是不改，为此他们发生了好几次不愉快。因为她多年来养成了挤牙膏从底部挤的习惯，所以看到男朋友没有按照她的习惯挤牙膏，就很恼火。在她男朋友屡教不改之后，她觉得这个男人根本不爱她。

我很想对她说，你真的没必要这样想。

牙膏是从中间挤，还是从底部挤，有那么重要吗？

你不为你找了20多年才找到、跟你轰轰烈烈恋爱一年多的男人终于住在一起而开心，不为想着怎么去过两个人的小日子而费心劳神，反而在挤牙膏的习惯上，争吵、喋喋不休、恼怒连连。让他必须听你的，你就是对的，他就是错的，他不听你的就是不爱你，值得吗？

同样是挤牙膏问题，小姐妹 Vivi 就做得非常好，她说她男朋友是个粗心的爷们儿，挤牙膏就是怎么省事怎么挤，如果他从中间挤牙膏，把牙膏挤瘪了，她觉得也没什么，她还是按照自己的习惯，从底部挤牙膏，谁也别管谁。

尊重彼此的习惯，保持各自的个性，尤其是在一些芝麻绿豆的小事情上，论谁错谁对的工夫，早已经把事情解决了。何况一些事情，根本不值得我们花费时间和精力去较劲。

林语堂说过一句话："目标放远一点，你就不伤心了。"我想说的是："看开一点，你就不较劲了。"

即使别人侵犯了你，如果不是特别大的事情，也甭跟他计较。即使别人犯了错误，如果是小事，对我们没有多少损害，我们也感同身受，站在对方的角度去考虑，给人一个台阶下。除非对方不知好歹，否则正常人都会对你心存感谢，觉得你和气又大方。

人与人之间，有来有往。

跟陌生人，别太计较；跟熟悉的人，更别计较。你让他一分，即便他不会让你两分，也起码不会再得寸进尺。

◎

还有两个朋友，都是男生，有一回大家约饭。饭桌上，本来两个人聊得好好的，突然打起来了。究其原因，不过是因为其中一个人说的观点，另一个人不同意，你说他错，他说你错，你一句我一句就吵起来了，吵不过，就动起手来。

不说别的，只说两个都要奔三的爷们儿，还当着那么多人的面打架，多丢人。

小孩子才分对错，在父母面前理论清楚，到底是他先动手打的你，还是你先动手掐的他。成年人就算了，很多时候不是因为没有对错，而是对错根本不重要。

凡事记住两点：第一，你很贵，你的时间更宝贵，不要为一些小事浪费自己的宝贵时间。鲁迅说："浪费别人的时间，等于谋财害命；浪费自己的时间，等于慢性自杀。"别人的时间，我们耽误不起，自己的时间更耗费不得。

第二，凡事退一步海阔天空。对方没谋财没害命，不疼不痒的口角之争，都可以忽略不计。适当地妥协和让步，会体现你的素质和修养。

并且，人成熟以后，事情多得要命。要工作，要赚钱，要恋爱，要结婚，要生娃，要学习维护一段感情，要学习为人父母，要孝顺爸妈，要提升自己……总之，有好多就算永远不睡觉都做不完的事情。所以根本没必要与人较劲，争个上风下风。

当然，如果对方确实是那种欺软怕硬、你给他脸他就上天的人，也绝不姑息，必须要让对方知道你也不是吃素的。

• • •

总结：

1. 不较劲：对熟悉的人，礼让三分，和陌生人，无须较劲。你的每一分钟都很宝贵，不要把时间浪费在“吃力不讨好”的事情上。

2. 不怕事：凡事忍让，退一步，是素质和修养的体现，但不是要做一个谁都可以捏的软柿子。面对故意的刁难，不公平的挑战，用对事不对人的态度去面对。

我们都或多或少地伤害过他人

很多话，我们想都没想就说了，但是我们没想过，这些无心的话，
可能会伤害到他人，可能我们要因此背负一些内疚，要在心里记挂很久。

◎

生活不能细想，一旦细想起来，除却那些美好和痛苦的回忆，还有一些让人进退两难、纠结无措的记忆，比如，在不经意间或多或少地伤害了别人，或者被别人无心地伤害。

它们也许都是一些小事，寻常事，却总是萦绕在我们的心头，反复提醒着我们，曾经无意间做过那样的事。曾在别人的言语中，

受到过那样的伤害。

去年因为一本重点书，跟一个营销同事对接，是个小姑娘。刚开始姑娘给我的感觉是非常认真的，认真到有点不知变通的地步。任何事情她都要来问我、找我确认。那段时间我忙得焦头烂额，觉得很多事情她完全可以自己去完成。

后来新书发布会邀请了六位嘉宾，我跟她说过不止三次嘉宾的名单，她还是反复问了我几次。我有点急了，去找了他们的领导。我跟营销总监说："那个小姑娘，是不是新来的啊，什么事情都要来问我。我跟她说了几次嘉宾是六个人，她现在还没搞清楚。"

当我说完这些话的时候，余光看到小姑娘就坐在营销总监背后斜对面的位置上，我想她可能听见我说的这些话了。当时我灰溜溜地走了，一阵尴尬。不管我觉得她做的工作有什么不好，我都绝对不该当着她的面去说这些事情。我自然知道，这样是很伤人的。

过了一会儿，营销总监把我叫到办公室，说那个小姑娘听见我说的话，哭了一通。小姑娘说她自己很尽力很用心地在做这本书的营销，因为怕出问题，所以事事都先跟我商量、确认一下。

然后营销总监说，她是大学还没毕业的实习生，一直做得还不错，以后也会继续留在公司做营销。

我听完之后，先是跟营销总监解释说，刚才我真的没有看见她在后面，否则我不会当着她的面说那些话。让她不要伤心了。

后来不知道为什么，她离职了。

只是这件事我一直记得，每当我回想起来的时候，还是很内疚。

也许对我来说，只是一件小事，沟通不顺畅，没有时间去处理那么多琐碎的事情，所以毛躁了些。但对营销小姑娘来说，这是她实习的第一份工作，是她第一次踏入社会。在这样的情况下，我对她的工作曾经提出不满和质疑。我是真的担心，这对她以后的工作会有影响。

没有影响当然最好，我宁愿她以后很强大很厉害，提到我的时候，最多骂我几句，也不希望她的工作生涯因为我而留下那么一点点阴影和打击，影响她以后的路。

因为她还是个新人，初入社会，内心也许还没那么强大。就像我们，还在上学的时候，自尊心很强，会因为老师的一句话，就彻底否定自己。

◎

朋友小 N，我认识他的时候，他就是一个非常内向自卑的人。其实他的硬件还可以，重点大学毕业，英文很棒，爱读书，长相虽不出众，但属于耐看的类型。很多时候，我都不知道他为什么会自卑。为什么走路的时候他总是脱离人群，为什么大家在聊天的时候，他总是默默坐在一旁。

后来小 N 跟我讲了他小时候的一件事。

小学四年级的时候，小 N 成绩很好，所以班主任平时很喜欢他。后来一次作文比赛，班主任让他去参加比赛，结果出乎意料地让班级难堪了。

参赛失败后，回到班级，班主任对小 N 说，你就是“狗肉上不了正席”。

这句话是他们的家乡话，大概意思是说，他平时表现都挺好的，一到关键时刻，大场合，就不行了。

这句话在他当时还未曾领悟，后来懂了以后，内心经常感到后怕。他觉得这句话给他留下了很深的阴影，让他潜意识里总是认为自己根本上不了台面，做不了大事情。

中考的时候，小 N 害怕考试失败；高考的时候，他害怕自己发挥失常。每一次面对这种大场面的时候，老师的那句话就会出现，提醒他，自己是一个“上不了正席”的人。

即便后来小N考上了高中、考上了大学，这句话他还是一直记得，在生活中无形地给他“到了正式场合他就不行”的心理暗示。

他说完这些之后，我第一反应是，这到底是个什么老师啊？平时喜欢人家喜欢得不得了，一次比赛没拿奖，就这样说自己的学生。可见为人师表，一言一行对学生来说是多么重要。

而我也担心，之前营销小姑娘也会因为我说的那些话，受到小N这样的影响。

所以从她这一件事情发生之后，我常常反思，提醒自己，不要说一些无心之语，伤害他人；也不要做一些无心之举，伤害他人。因为尽管有时候你是无心的，但对他人来说，未必没有影响。

就像那个骂我的朋友是“狗肉上不了正席”的老师，可能当时只是因为没有得奖，没能达到期望，泄愤说了一句。可他根本不知道这句话，会影响小N这么深。

◎

Z姑娘也做过一件小事，伤了最爱她的人的心。

朋友从国外旅行回来，给 Z 姑娘带了两瓶红酒。她把红酒放在了家里的桌子上，想着她的父母也都不是喝红酒的人。有一天她被朋友邀请去吃饭，她觉得空手去不好，于是想着回家拿一瓶红酒过去。回到家里之后，发现红酒没了。

Z 姑娘问她妈妈，她放在桌子上的红酒哪里去了。

她妈妈说，前几天有个亲戚过来，把酒打开给他们喝了。

Z 姑娘一听就急了，说，这是我拿回来的红酒，你怎么能不问一下我，随便就给别人喝呢？这是我的东西，即使你是我妈也不能随便碰。

她妈妈一听 Z 姑娘这样说，非常自责和伤心。

事情发生之后，Z 姑娘还觉得气愤，跟好闺密诉说这件事。好闺密跟她说："你光想你的红酒没了，有没有想过你这样说你妈妈，你妈妈该多伤心啊？"

她说其实也不是说那个红酒有多重要，当时就是一时想不开，觉得她妈妈没有征求自己的意见，随便动自己的东西，很生气。后来想想，都是自己做得不对，惹妈妈伤心了。

这件事情已经发生了一年多，但 Z 姑娘却一直记得。因为她知道自己在无意间伤了妈妈的心，于心有愧，所以一直忘不掉。

◎

很多话，我们脱口而出，但是我们没想过，这些无心的话，可能会伤害到他人，可能我们要因此背负一些内疚，要在心里记挂很久。

今年回家过年，家人一起去饭店吃饭，因为很多菜都没怎么动，我妈要打包带回家。她打包鸡块的时候，说把汤也倒一点打包走。我当时第一反应就是反驳她：“要汤干吗呀，肉打包了就行。”当我说完这句话的时候，看到她满脸的黯淡，她小声地说：“没汤的话，回头热菜的时候会太干。”

我这才明白，连忙帮她往打包盒里倒点汤。但我知道自己刚才那句话，多少有点伤了她。我自然没有其他的意思，只是觉得没必要打包还要倒汤。倒是她，会不会觉得我常年在北京生活，看到她这一行为觉得不适呢?

不管我多么爱她，都无法否认，因为我的坏习惯也好，我不考虑他人的感受也好，我说了一句让她不开心的话。这就是我做得不好。

经常听朋友说：我说那些话的时候，根本没想那么多；我做那些事情的时候，根本没想伤害谁。可事实是，即便我们没想过，但不好的影响还是发生了。

本身我们都没错，只是我们要试着成熟一些，试着在说话、做事情之前，多想想会不会伤害到他人，多站在对方的角度想一想，减少无心的伤害。

...

总结：

1. 有些话说出口之前，想一想会不会伤害到别人，尤其在你情绪不稳定的时候，更要多想一想。

2. 任何时候，人比物重要，永远不要因为损失一件东西去责怪身边的人，尤其是关心我们的人。

保持一颗坚硬又柔软的心

不管年岁如何流转，人事如何变迁，
只要你还在感动，还有泪可流，你就美得不可方物。

◎

人坚强得越久，就会越敏感。

很多表面雷厉风行、独当一面的强人，动不动就会因为别人的一句话、电影或电视里的一个场面哭红了眼。

这些人平时生活节奏太快，太为难自己，导致他们即使看到同样的人或者平常的事，内心也会有强烈的共鸣，或者羡慕和渴望，进而冲击泪腺，让自己瞬间泪如雨下。

比如我们这些北漂，我们的心也比其他地方的人敏感三分。

这当然跟脆弱无关，完全是内心里千头万绪，积攒的东西太多了，所以一不小心就会触碰到泪点。

我也是个爱哭的人，因为我内心里也积攒了很多事情。

记得大三暑假实习的时候，在北京宋庄的一个杂志社当编辑。宋庄离市里有两个小时的车程，第一次去面试的时候，路过坑坑洼洼的泥路和两旁破破烂烂的房屋，我就惊了一下。北京居然还会有这么破的地方，我这真是到村里了。

我当然想过去大公司，找个钱多又轻松体面的工作，我也想去大报社做编辑，或者去门户网站写小说，但是现实是我只能托家里的关系，找一个不知名杂志社，猫着实习。

路是我选的，我只能认了。

后来杂志社举行一次征稿比赛活动，需要我去北京站和北京西站接作者。凌晨 4 点多，天没亮就出发去北京站，坐在北京站旁边的肯德基楼梯上等个一小时或半小时，接到作者后把他们带回杂志社。

一天接好几拨作者，吃饭的时间都没有，一个来回就三四个小时，还是大夏天。如果不是那个时候年轻，体力尚好，根本吃不消。这么累我也挺过来了，只是后来给一个作者买票的时候我撑不住了。

他在乌鲁木齐，我替他去北京西站买票，火车站人山人海，排了一上午的队也没买到票，我又坐地铁去北京站排队，还是没票。后来回北京西站的时候，联系了一个票贩子，他在北京站，我又坐地铁去北京站。我非常清楚地记得，在我饥肠辘辘、筋疲力尽地从票贩子手里买到票，坐二号线地铁回去的时候，地铁呼啸而过，我眼泪汹涌，流了满脸、满脖子。

那个时候我 22 岁，当时我站在地铁通道里想，放假了，很多同学都回家了,为什么我一个人在北京如此苦逼。然而车来了，我只能抹干眼泪，接着坐一个小时的地铁，再坐一个半小时的大巴回杂志社，把车票拿给作者。

◎

吃过的苦，我永远记得。

2012 年，我的第一份工作丢掉的时候，我坐在天通苑的马路边哭成狗。

冬天，晚上，风很大，很冷，那个时候丹丹刚来北京还没有工作，我们两个住在天通苑一间月租 750 元的隔断房里，衣食不保。那个时候我想自己再没了工作，真不知道自己怎么活下去。丹丹工作没着落，我又不敢跟她说，只好一个人坐在马路边哭。结果那天哭完，我想跟往常一样买点吃的回家时，发现我的钱包在坐公交回来的路上被偷了，真是绝望到极点。

我打电话给当时住在附近的同学，给我和丹丹买了两份素炒饼，然后若无其事地回了家。

只是从那以后的这几年，我都坚决不用钱包。

它们都过去了，但是它们永远在我心里。每当我想起来的时候，依然心疼我自己。也正是这些心疼和眼泪，才让我如今更加坚定自己往前走的脚步。

对于我如今平和的心态，一个同事说，看得太透，就没意思了。其实我想告诉他，不是我看得透，是你没经历过。人生哪有谁能看透的时候，我们都不过是没得选。

现在我依然经常累到哭，只是不会在大街上哭。现在我看到身边很多努力的朋友和作者，也都很煎熬，时常敏感，我也总是心疼不已。

一个每天读书写字疲于奔命的朋友跟我说，他发现自己越来越不快乐。

有时候想想，真的，为什么我们那么努力，我们还那么不快乐？为什么我们那么上进，还是对自己那么不满意，一直为难自己？

为什么每当我们从疲惫里挣扎出来的时候，能选择的依然是继续上路，而不是松懈？因为不管我们多么努力，我们总是对自己不满；因为我们总是觉得自己还不够好，还不够优秀，要学习的、要获得的东西还太多太多；因为我们发现，现在的自己，依然没有实现自己理想和追求的能力；因为我们发现自己一旦努力了，就没有回头路。

◎

这些我们早该看透了，当我们看透了这些，当我们陷入这样一个死循环里，除了哭一场，还能做什么呢？

我们没有三天时间可以用来睡场大觉，我们没有十天的假期可以用来旅行。我们没有足够的时间用来梳理生活。

我们只好哭一场。

哭出我们发现自己对自由、舒服、快乐这些东西太渴望却又已经意识到，我们得不到它们的事实。

哭出我们无数次地幻想有那么一段时间，自己可以埋头在家里睡上几天，不见人，不工作，或者逃到某个地方去，去那无人打扰的幻境。

哭出孤寂，哭出落寞，哭出哀伤，哭出回忆里自己那么多次努力的身影……

哭过并不会好，但是当时不哭，一定不会好。仅此而已。

当我们累了又停不下来、说不出口的时候，我想最好最幸福的事情，莫过于我们还有眼泪可以流。

不管年岁如何流转，人事如何变迁，只要你还在感动，还有泪可流，你就美得不可方物。

爱你们，爱每一个满面泪流却又正在努力的人。

总结：

1. 不要害怕发泄自己的情绪：面对困难、解决问题，但不是逼死自己。学会给自己解压，哭一场，和心爱的男孩约会，吃一顿大餐，喝一次大酒……放松之后，再砥砺前行。

2. 不管我们有多成熟，永远保持内心柔软：活到 80 岁，你还会感动，还有眼泪可流，依然是最动人的人。至于那些可能会笑话你不够成熟的人，让他们见鬼去吧。

很多人的压力，来自没有看清自己

你不是最优秀的，也不是最有钱的；
你不是最特别的，也不是最厉害的。

◎

年少的时候没钱没名，却有一腔孤勇，以为自己可以改变世界。

年纪渐长之后发现，能攥在手里的世界，变得越来越小。你再也不是那个站在世界舞台中央指点江山的人，也不再是千万人群里最特别的那个人。

慢慢地，你会发现，世界比你想象的要大。

仅仅是一个城市，就会有很多比你优秀的人。

有时候只需一个小的交际圈子，就会把你的一腔孤勇打得粉碎。

你月工资一万，别人年薪100万；

你写一本书，卖了一万册，别人的书已经畅销百万册；

你一年读60本书，不少了吧？却发现身边有人每年能读200本以上；

你在北京花了100多万付了房子首付，别人已经开始用1000万全款买最好的学区房；

你的终身目标是赚一个亿，别人早已经几辈子吃穿不愁、富甲一方；

……

你不是最优秀的，也不是最有钱的；你不是最特别的，也不是最厉害的。对于以上这些，在经历了诸多磨难，遇见了诸多人与事之后，我才幡然醒悟。

你能做的，只是你自己。

你能赚的钱，也只能以你的能力为准；

你能读多少本书，也要取决于你自己的时间计划；

你的文章能不能被人喜欢，书能不能大卖，也要凭你自己的本事。

重要的不是别人怎么样，而是你知道自己的界限在哪里，知道自己真正想要什么。

并且在你想要过的生活里，不要妄想成为世界的“最”，你永远只能成为自己的“最”。

◎

记得跟一个非常聪明的作者聊天，说起现在年轻人生活的焦躁和压力。

他说：“很多人的压力，来自没看清自己。”

是啊，有时候我们明明只能征服一片领域，却总是去觊觎整个世界。

当欲求不满、不得的时候，我们不痛苦，谁痛苦呢?

这就跟我在公司里工作一样，我月薪 8000 的时候，公司有很多人月薪是一万或者两万。

在我拼尽全力月薪两万的时候，会发现公司有很多人年薪是 30 万、50 万。

后来我明白了，当我达到年薪 50 万的时候，还有年薪 100 万的人在前面等着我。

在我年薪 100 万的时候，还有年收入 1000 万的人在前面等着我。

我也明白了，别人年薪比我高，是因为能力比我强。过去我只是羡慕他们的年薪，却忽略了他们高人一等的能力。

当我想清楚之后，我再也不去觊觎别人的年薪有多少。

我只想着自己能够做到什么地步，能以什么样的速度成长，才能拿到一份什么样的薪水。

我能做的只是要求自己，让自己变得越来越好。

◎

写第一本书的时候，我以为自己的书能够畅销，自己的名字能够被很多人知道。

现在回头想想，当时的自己有多么可笑。

读者不是傻子，这个世界也不缺好的作者，自己三脚猫的文字水平，不可能让自己扬名立万。

在自己出了书，开始成为一个作者的时候，才知道成为一个好的作者，一个真正的作家有多难。

尤其是身在出版行业，接触各个领域里最优秀的人，才发现什么是天外有天、人外有人。

你会在各个方面，被各路人马无情地碾轧。

你读过的书，你走过的路，你认识的人，你的存款，你的背景，你的履历，都有人来碾轧你。

这个时候才知道，自己离“最好”还有十万八千里。

这个时候才知道，自己以为的拼尽全力，不过是别人很多年前的一个起步。

你很努力才到达的地方，别人在很久之前已经不费吹灰之力到达了。

别人已经到达的地方，你还需要继续努力很多年。

很绝望吧，所以你可以放弃吗？你可以停止不前吗？

我做不到，所以不管前方有多少优秀的人在等着我去超越，也不管有多么漫长的道路等待我去跋涉，我都要凭借自己的能力和努力，一步步向前走。能超越多少人，我不知道，能不能到达终点，我也不知道，我唯一知道的是，我不能停下来。

◎

你不可能成为全世界最好的，你最多只能成为某个领域里面高精尖的人才之一。

如果你喜欢写作，你可以在文化领域里，成为一个独有风格的优秀作家。

如果你喜欢音乐，你可以在属于你的音乐领域，成为一个好的音乐人，但也不能排除会有其他音乐人被人喜欢。

如果你喜欢画画，你该知道，著名画家不独有达·芬奇，还有高更，还有莫奈……

你掌控不了全世界，你能掌控的只有你自己的世界。甚至有些时候，你连自己的世界也掌控不了。

有人说，这叫失去了年轻时候的锐气与勇气，我觉得这只是我们更加看清了自己。

看清我们自己到底想成为怎样的人，看清我们自己到底想要拥有什么，看清我们自己到底能够拥有什么。

让我们从“不知道自己想要什么，但知道自己不想要什么”成长为“知道自己想要什么，也知道自己不想要什么”。

当你明确了这些之后，就不会变得焦躁不安、压力倍增，相反，你会底气十足，甚至运筹帷幄。

那种能够从容做你自己，找准一个目标，奋力前行的感觉，才是最好的。

• • •

总结：

1. 最适合的比最好的更重要：人生是有极限的，只是每个人的极限各不相同。看清自己的极限在哪里，找到适合自己的位置、适合自己的标签、适合自己的生活，比成为最帅最美最有钱最自由最洒脱的人，更重要。

2. 你能攥在手里的世界只会越来越小：随着年龄的增长，社会角色的转变，社交圈子的扩大，你会发现自己能够掌控的世界越来越小。当你觊觎世界而不成的时候，你会明白，我们能掌控的只有我们自己。把自己掌控好，比掌控世界更重要。

你以为的直爽，其实很伤人

生活中最害怕的就是，
你伤了人却还不自知。

◎

不管人与人之间关系多么熟悉，那些负面的、不好的词语，能不用就不要用。

比如“胖”“丑”“恶心”等词语。很多时候，你可能是言者无心，但你无法保证听者也无意。

我想生活中，很多人都遇见过这样一种情况，你明明只是跟他开玩笑，他却突然当真，生气了。此时，你们之间的气氛，瞬间会变得很尴尬。

记得有一次，一个女同事跟一个平时非常和气、经常被大家调侃的男同事开玩笑，不知后来怎的，这位男同事居然脸一沉，生气了。后来问了其他同事才知道，那个女同事开玩笑开得口无遮拦，说男同事“不要脸”。男同事一听见这三个字就急了。

人成熟了以后，真的不比年纪小的时候，那时候，随便开什么玩笑，大都能受得住。

成熟了，自尊心重了，学会严谨了，会更加谨言慎行。

平日里遇见一个口无遮拦，没有眼力见儿的人，也会在心里觉得，“这个人真不会说话！”

所以市场上，那些教人说话、做人处世的书，才会越来越被读者需要。

因为年纪小的时候，说错话，大都有原谅的理由，但是你作为一个成年人，如果说错话、办错事，别人就会认为你是“情商低”！“智商低”！

◎

身边有一个要好的女性朋友L，我经常会跟她和她男朋友一起去逛街买东西。

L 什么都好，就是有时候语出伤人，最让人担心的是，伤了人她还没察觉。

比如一起去逛街买衣服，L 的男朋友试穿了一件自己非常喜欢的外套，穿好之后问 L 觉得怎么样。如果 L 觉得不好看，她会脱口而出，说：“太难看了！”每当这个时候，我都会看见 L 的男朋友突然变色的脸，包括后面大半天逛街的时间里，都对买衣服再提不起兴趣。

有时候我向 L 介绍一个她没见过的人，可能跟我很熟，也可能和我是泛泛之交。很多时候都是因为聊天聊到了，我就会跟她提到这些人。每当这个时候，L 都会要求我把他们的照片翻出来给她看一下。然后我就不止一次听 L 在看到照片之后说，“长得真丑！”

除此之外，L 还喜欢用“恶心”这个词。

我和她认识十几年了，但是每当她跟我说“真恶心”这三个字的时候，我心里还是不舒服，浑身不自在。

后来我实在憋不住了，就跟 L 说，你说话能不能尽量少用一些负面的词语，也许你是无心的，但有时候挺伤人的。她一听我这样讲，反而大吃一惊，说自己从来没有别的意思，只是想什么就说什么而已。

生活中最害怕的就是，你伤了人却还不自知。

并且你伤害的人，可能大多都是你身边的人，这样对你来说，得不偿失。

◎

大学宿舍几个姐妹聚会，有俩姐妹就特没心眼，如果谁来的时候穿的衣服别扭，她俩就会马上指出来，说，“你今天这衣服太松了吧，不好看！”“你穿这个大衣应该搭一条瘦一点的裤子！现在这样穿好奇怪！”

每当这个时候，我也是很闹心，大家在北京那么大的地方，一年半载才聚一次，开开心心地吃吃饭、逛逛街多好，为什么非要说这些让人不痛快的话?

生活中一些看似不起眼的、微妙的事，可能会使人和人之间的关系，产生一些大的质的改变。

有一句话说，“细节打败爱情”，我想说的是，“细节有时候也会打败一个人”。

跟你一起玩，总是不开心，几次之后别人就不会再想跟你玩了。

之前遇见过一个领导，非常喜欢骂编辑。

作为领导，我觉得对底下的人批评两句，不满意，也说得过去。但是这个领导不一样，什么话难听他说什么。如果编辑做出来的封面设计他不满意，他才不管你是花多少时间做的，有没有经验，他直接就会说：“这是封面吗，这根本就是垃圾！”

出来工作的同事，都已经是成年人了。一个领导说话这样不分轻重，伤害别人的自尊心，谁都受不了。私下里，被他骂过的同事，都说他“情商低”“素质低”。

骂人也好，批评也好，都是为了解决问题。

如今你人骂了，事情没做好，人情也没了。

◎

公关大佬刘希平在他的新书《天下没有陌生人》里面说过：

“有一些玩笑，它表面是玩笑，其实有时候很戳人。我会很在意这些，人家喜欢跟我相处，有一个重要的原因是我不太喜欢说这些负面的东西。

“比如我跟运动员发信息的时候，不会发‘输了’，而是发‘可惜，没赢’，这两个感觉就不太一样。

“再比如说，我不太喜欢用‘胖’这个字来讲人家，我会说‘不瘦’。

“学习用正面的字眼说话，会让别人感觉好很多。”

所以他的人缘超级好，在娱乐圈、时尚圈、体育圈、职业圈等都拥有强大人脉。

他的朋友们都非常乐意跟他相处，他自己不但人前不会讲别人的不好，人后也不会议论别人，说他人的坏话。

最近同事 D 拉黑了一个我们共同认识的人，那个人来找我，说他被拉黑了。

我问 D 为什么把他拉黑了。她说："那个人，情商低。"

平时 D 发朋友圈，他就喜欢在下面留言黑她，跟她开玩笑。让 D 真正火大的，是 D 前几天发自拍的时候，他在底下评论，说 D 自拍好做作，又不好看。作为一个极其爱美的人，D 表示忍不了。一气之下，就把他拉黑了。

她还说："我跟他很熟吗，他什么玩笑都敢开？"

◎

马东说："说话之伤，都是暗伤。"你不要觉得别人突然拉黑了你，一声招呼都不打，很奇怪；任何事情都是有原因的，在这个时候，你不妨仔细想一下，是不是你什么时候有了无心之举，让人家得了暗伤。

再好的朋友之间，都需要些许的尊重。更不要说那些跟我们不熟悉的人或者仅有工作往来的同事、合作伙伴。注意自己的言辞，避免去讲一些带有负面影响的话，不仅会让别人觉得跟你相处很舒服，也会让别人更加喜欢你。

可能有些人会说，那我总是记不住怎么办？我总是口无遮拦怎么办？

刘希平说："这类事情，一旦你开始自己留心了，慢慢就像掌握了一个技能一样，能够运用自如。"

很多事情，刚开始是自律与克制，慢慢地就会成为一种习惯。

不用负面词语，避免语出伤人，多说一些赞美他人的话，让"高情商"成为一种习惯。

总结：

1. 说话之前，自己先思考几秒钟再说出口。这样一来，可能有些比较直接、容易让人产生误解和不适的话，能够得到好的避免。

2.再熟悉的朋友之间，说话也要拿捏分寸，对待我们的亲人、同事也是一样。每个人都需要我们细心呵护，用心对待。不要让自己无心的言语伤到他们的心。

第三章　认识爱情

优秀的人
自会遇见优秀的灵魂

人生需要智慧，爱情也是一样。
你是怎样的人，就会得到怎样的爱情，
过上怎样的生活。

当你足够好，才会遇见爱

在爱情这件事情上，如果你足够好，可以省掉很多内心戏。
你漂亮、大方、温柔、不缺钱，又跟对方聊得来，男生自然没理由不去喜欢你。

◎

我单身的时候，也为恋爱这件事迷茫过。

直到有一天我见了一个人美钱多，文章又写得好的女作家，其间不知道为什么聊起了找男女朋友的事儿。她笑着说："我觉得谈恋爱就是顺手的事儿。"她说得轻松而随意，让我顿时豁然开朗，感情的事儿没什么可纠结的，当你足够优秀，恋爱就是顺手的事儿。

◎

1. 为什么身边的人都结婚了，而你还单身

记得刚毕业的时候，我跟闺密说，我总觉得自己现在还不够好，想等自己工作有些成绩，人也变美了的时候，再找男朋友。那个时候闺密劝我，你现在已经很好了，谈恋爱这件事没必要等到自己非常优秀的时候。

但我知道，那个时候我真的不够好。

刚毕业，在一家还不错的图书公司做编辑，月薪不到 5000 元，不会穿衣打扮，发型也很土。

那个时候还没出过书，就是会写点文章，多读了两本书，并且最最关键的是，也没有戴牙套，还是个龅牙妹。

那个时候收入不高，所以当身边的人知道在北京戴牙套要花 5 万元的时候，都让我别整了，说挺好的，不碍事。可只有我自己知道，我想让自己的牙齿齐一点，更好看一些。

所以我在第一本书出版，拿到稿费之后，就去北大口腔分期付款戴了牙套。

大概在我戴牙套期间，我的两个闺密都交了男朋友，相继步入了婚姻殿堂。那个时候我突然觉醒了，觉得自己不能光埋头做个读书人，一天天地希望别人发现自己的内在美。

我跟姐妹去做了发型，剪掉万年不变的齐刘海，开始留长发。

留长发的第二年，我就遇见了现在的男朋友。

当然我找到男朋友，不仅仅是因为留了长发，戴了牙套，是因为我既留了长发、戴了牙套，还开始打扮自己，学会化妆，在意自己的穿着搭配。还有我工作上也有了一番小成就，能养活自己，基本上成了一个独立女性。

对于我男朋友来说，我绝对是一个白捡的好姑娘。

而他不知道，在遇见他之前，我做了多少人生功课。

他不知道，他如今看到的我的优秀、我的善解人意、我的外貌形象，都是在没有遇见他之前，一点点修炼来的。

以前要么是喜欢我的人，我看不上；要么是我喜欢的人，看不上我。直到后来自己变好了，人生才开始有了多选项。

在此之后，我才深刻地明白，女生一定要美，要足够好，只有这样，在爱情里，你才能轻而易举地遇见一个把你捧在手心里的男生，让你过上公主般的生活。

◎

2. 他为什么没有主动联系你

前几天重新看了电影《他其实没那么喜欢你》，看到其中之一的女主角吉吉，傻等一个只见过一次面，说还会再联系她的男人的电话，看到她为那个男人没有给她打电话而编造各种理由骗自己的时候，我觉得她真的傻透了。

而回过头想想，曾经的自己又何尝没有干过这样的傻事。

觉得那个男生一定是喜欢自己，但由于某些原因没有挑明；

觉得那个男生一定会发现自己有多特别，毕竟自己跟他说了那么多的小秘密。

现在看来，这些觉得、自以为是，都是很傻的想法。

一个男生喜欢你，就是喜欢你。

大学的时候，宿舍的姐妹暗恋学生会的会长，她觉得那个会长应该对她也有意思。

因为毕竟他接受了自己送给他的生日礼物；

还单独约她出去遛操场两次；

平时学校里遇见的时候，也很热情地跟她打招呼。

只是他们的关系还没到火候，还没有办法直接挑明在一起而已。

就这样过了半学期，某一天我们宿舍的人去食堂三楼吃饭，看见那个会长搂着一个姑娘，在另一个窗口买饭。我看见宿舍姐妹突然僵硬的脸。

后来打听到，那个女生是那个会长新交的女朋友。

也曾见过，平时跟姑娘相亲相爱就是不表白的男生，在遇见他所谓的女神之后，各种哈巴狗、疯狗一样地往上扑。那个时候你会惊讶，这真的是你认识多年的好哥们儿吗？我告诉你，是的，这就是他。只是能让他发疯发狂的人，不是你而已。

在爱情这件事情上，如果你足够好，可以省掉很多内心戏。

你漂亮、大方、温柔、不缺钱，又跟对方聊得来，男生自然没理由不去喜欢你。

◎

3.他为什么没有送我回家

没跟男朋友在一起的时候，我还做过一件傻事。

那时候有个男生约我吃饭，晚上又一起看了电影，但看完电影没有送我回家。

之后联系也是断断续续的，没见他很上心。

后来有一次联谊，在我家附近，他送我回家。快到家的时候，我说：“你要送我过天桥，晚上一个人走天桥也很害怕。上次你就没有把我送到楼下。”

他怎么回答的我忘了，那天他的确把我送到了小区楼下。当时还为此沾沾自喜了一下，心想，这个男生应该是喜欢我吧。

后来遇见我现在的男朋友，每次约会都打车送我到家门口，每次看见我进电梯他才会走。

即便就在家附近见面，他也很绅士地要送我回家。

我才晃过神来，之前那个男生其实根本不喜欢我。

或者根本没有像我男朋友遇见我的时候，那么喜欢我。

有句话说得好，“真正想送你回家的人，东南西北都顺路。”

所以，女生真的不必给男生找什么借口，那些都是扯淡。

男朋友博士考试第一天结束，还约我去参加某个活动，搞得好像第二天的考试根本不存在一样。

总有一个男生会让你知道，“愿陪你吃饭的人，酸甜苦辣都爱吃。想见你的人，日理万机都有空。”

我遇到了，希望你也会。

◎

4. 喜欢的人不出现，出现的人不喜欢

曾经有一个女生跟我说，喜欢她的人，她都不太喜欢；她喜欢的人吧，又不喜欢自己。

这到底是为什么？

那个时候她追过一个理工男，非常耿直的男生，不管女生如何对他好，嘘寒问暖，制造约会，送礼物，送爱心，就是不接茬。可以做朋友，但就是不做男女朋友。

接下来要说一件可怕的事。

后来这个女生一年赚了100万元，摇身变成了小贵妇，她迅速地忘记了这个耿直的男生，找了一个搞金融的男朋友，两人二话没有，顺利而愉快地在一起了。

如果你有钱有颜有性格，谈恋爱可不就像那个女作家说的，就是顺手的事儿。

作者毒舌奶奶写过一句话，记忆深刻，她说：如果你保持住就算自己50岁、离过一万次婚、放出去相亲也一堆人抢的状态，不愁男人会一辈子把你当夜明珠。

我要以自己单身二十多年的血泪史告诉你们，在爱情这件事上，

一定要足够好。在没有遇见能把你捧在手心里的人之前，不妨好好修炼自己。努力工作、认真生活，成为一个内外兼修、岁月静好的“姑娘”，这样的话，在得到爱这件事上，就容易多了。

总结：

1.在爱情没有到来之前，你经济独立、人美钱多、心地善良，是自己对自己的要求，与任何人无关。

2.毫不犹豫地拒绝那些不送你回家的男生，爱情里除了真心毫无例外。

生活需要智慧，爱情也是一样

如果你做好了迎接爱情的准备，
在爱的人面前，你可以永远做一个被捧在手心的小女孩。

◎

跟几个朋友吃饭，其中有两对朋友快结婚了，在讨论结婚的事情。聊着聊着，突然一个男生对另一个打算明年结婚的女生说："像你那么大年纪，在老家还没结婚的，估计算数一数二的剩女了吧？"女生说："没关系，那些早早结婚的人，现在也都离了。"

女生今年29岁，明年30岁，即将迎来女生人生的一个坎儿。父母常念叨，30岁再不嫁人，你真就是老姑娘了。她跟现在的男朋友恋爱了4年，男朋友比她小5岁。他们真的是不顾所有人的反对在一起，从热火朝天的热恋，到互相磨合的了解，再到后来趋于稳定，终于打算步入婚姻的殿堂。

很多小情侣，在她这个年纪，只要恋了爱，找对了人，半年一年就结婚了。身边的小姐妹也在催问着她："什么时候你们去见彼此的家长啊？""什么时候打算结婚啊？"

可是女生真是不着急。她说，男朋友太小了，还不知道什么是责任心，这点也急不来，需要时间去改变。另外，她和男朋友刚在一起的时候，都没什么钱，如果真要结婚在北京生活，就要面临买车买房生娃还贷的问题。所以她等了四年。

现在她的男朋友也从一个无知的小男生，变得开始有了"赚钱养家"的责任心，并且他们也有了一些存款，真要是明年结婚，生了孩子，起码在北京可以付房子的首付。

感情稳定，生活也不匮乏，知道以后该怎么生活，怎么走下去，然后再修成正果，想必就是这个女生想要的吧。

假如，在她男朋友还没有责任感，没有家庭和婚姻意识的时候，他们早早结了婚，面对巨大的生活压力，可想而知，他们会过上怎样鸡飞狗跳的日子，而女生又要过得多辛苦。万一再有了孩子，岂不是要把自己逼死。

可是，再回头看看那些在老家早早结了婚的人，有一些年轻人，在还不知道爱情是什么、家庭是什么的时候，就因为父母之命、媒妁之言结了婚。

二十几岁，什么都不懂。父母辛苦一辈子，买房买车，让他们结了婚。结婚之后，毫无家庭意识，有了孩子，也是扔在老家让父母带，夫妻俩远走他乡赚钱糊口。

◎

有一个小时候玩得很好的小伙伴，她长得很漂亮，上初中的时候就有很多人追她。17 岁的时候，交了一个男朋友，一不小心怀孕了。学也不上了，结了婚。18 岁就生了一个男孩。接着没两年，又生了一个男孩。

过年回家的时候，听说她正在跟她老公闹离婚。听说她老公出轨了，她回了娘家。但她又舍不得两个孩子，自己赚钱还要给两个孩子花。可是婚姻已经名存实亡。

她结婚的时候，她老公也就不到 20 岁。在那样的年纪，根本不知道什么是婚姻、什么是家庭，更不懂得照顾和教育自己的孩子。

最后的结局是，17 岁结婚，27 岁要离婚，你说她年纪大吗？并不大，30 岁都不到。可是你说她年轻吗？她已经是两个孩子的妈了。

她离婚后的生活，不是一个 27 岁的人的生活，更像是一个中年离婚的妇人的生活。

也有一对关系非常好的夫妇，曾经是我很好的同事。结婚 6 年了，女儿两岁，两个人还是非常恩爱，一起教育抚养孩子，一年至少旅行一次，老公每天接送她上下班，依旧拿她当个小女孩。

有一次跟他们吃饭，我问她老公，为什么他们的生活会那么幸福，有没有什么秘诀。他告诉我："可能是平时她会让着我一点，那我也就会让着她，这样的话，我们之间就很少有矛盾。"

女生也告诉我，这么多年，他们经常抽时间彼此谈谈心，总结一下最近一段时间的生活，聊一聊有什么不对的地方和做得好的地方。他们平时也会互相关心，除了家庭，还有工作，了解彼此的人际圈子、工作环境。

两个人一年一次的旅行，一是放松，二是培养感情。

老公早上送她上班，她会早点起来做好早饭。

她老公赚钱多，工作忙，她就负责做家务，多陪孩子。没什么可计较的，两个人互补互助。

这就是这么多年以来，他们能够一直过得很幸福的原因。很多我们看起来对的爱情，好的相处模式，其实都是有备而来。它需要两个人明白彼此的关系，想清楚付出与回报，了解彼此，互相着想，等等。

如果你做好了迎接爱情的准备，在爱的人面前，你可以永远做一个被捧在手心的小女孩。

◎

说到这里，我想到前几天一个读者给我留言，说他总是跟女朋友吵架，因为他女朋友总是出去喝酒，很晚才回家。如果是以前，我可能会针对他女朋友爱喝酒、回家晚这件事，帮他分析对错。可是现在，我回复他的是：人的心其实都是很柔软的，你对她好一点，她便想着要对你更好一点。

他看到回复，立刻就明白了。

其实他跟女朋友吵架，还不是因为担心她？可是很多时候，我们总是会表错情，用错的方式去关心自己爱的人。明明是为了她好，却大吵了一架。明明是关心在乎她，最后却让她更加讨厌自己。

可以说情商高的人，感情会顺利一些。可是，好的感情，其实都是用心经营的，愿意站在对方的角度去理解对方。

不要总觉得自己付出了太多，对方会不珍惜，也不要觉得太为对方着想，就失去了赢得爱情的权利。人心是热的，更何况是跟你相爱的人。好的爱情一定是你对他好三分，他会对你好五分，这样你又会对他好六分，他就会更加疼你。

我坚信，一个做好了迎接爱情的准备的人，树立了正确的三观，拥有对爱情的良好心态，他的爱情一定不会太糟糕。

◎

一个朋友跟我说，他要先追求智慧，再寻找爱情。他说，爱情是需要智慧的，就像杨绛和钱钟书。

我同意他的观点。爱情的确是分等级的，你们彼此的智慧高低，决定了你们之间的爱情可以达到的等级。所以我也相信，当他做好迎接爱情的准备时，他一定会迎来高等级的爱情。

爱情不可以模仿，也的确毫无道理可言。可是爱情也是一门功课，需要我们去修行。在付出这件事情上，人生一直很公平。做过努力的人和没有努力过的人，得到的总是不一样。付出十分去努力的人和付出三分去努力的人，结局也会不同。

所以，不要光看到别人秀出来的恩爱，也要了解别人恩爱背后所做的努力。

愿我们的爱情，都不负等待；也愿我们的爱情，都是有备而来。

···

总结：

1. 人生需要智慧，爱情也是一样。你是怎样的人，就会得到怎样的爱情，过上怎样的生活。

2. 爱情需要经营，去建立不轻易被动摇的爱情观，用心经营你与爱人之间的生活。

永远不要丧失“爱别人”的能力

也许在爱情里，我们的确没有那么好运，
第一次就能爱上对的人，可以修成正果，携手白头。
只是在看清了爱情的本质之后，
我们依然要相信爱，要去爱。
因为只有我们相信爱，才会得到永远。

◎

有爱，就会有伤害。

所以，当我们爱上一个人的时候，注定要受到爱情带来的伤害。

听作者 L 说起自己的一段感情。

L 对当时的男朋友非常好，还为他在北京买了房子，房产证上写他一个人的名字。后来他劈腿要分手，并且房子也要据为己有。

当时很多人都劝 L，跟这个男的打官司，把房子要回来。

很多人都替 L 鸣不平，骂这个男的太浑蛋。L 对他那么好，他居然那么狼心狗肺。

L 说到这些的时候，两眼黯淡，可是她没有去打官司，觉得没必要。她说，曾经她认认真真地爱过那个人，现在最受损失的其实是他，失去了很多人的信任以及她对他的爱。

L 现在过得比从前要好，也有了新的爱人。

在这个不完美的世界里，爱情是最难圆满的事。

深陷爱情中的人，根本不需要对方大动干戈地捅刀子，有时候只要对方的一句话、一个举动，就足以让我们伤透了心。

只是在爱里被伤过心的人，就不再相信爱了吗？就不再去爱了吗？

张小娴说：“爱一个人，也许有绵长的痛苦，但他给我的快乐，也是世上最大的快乐。”

所以作者 L 说，她没什么好后悔的。

◎

我很小的时候，一个人去图书馆里看张小娴的书。记得她在一本书的自我介绍里写过一句话，说她是一个相信爱的人。

那个时候我因为这一句话，对她心生好感。

很多人都不再轻易相信爱情这件事，就像过了青春好年华，我们再也不去相信永远。

又或者我们相信爱，想要爱，却怀疑爱，无法再抱着一颗真诚而炽热的心去爱了。

我们计较付出，计较得失。

生怕自己在爱情里略输一筹。

慢慢地，我们会成为一个不敢爱的人；慢慢地，我们会失去全心全意去爱一个人的能力。

记得李维嘉被李湘问道："如果前任找你借钱，你借给她吗？"

他说："借啊。"

李湘说："多少都借吗？"

他说："多少都借。"

李湘说："那你没房没车没有存款了，怎么办？"

他说："再挣呗。毕竟曾经一起走过，别人将青春最好的时光给了你，这也算是一种偿还。”

很多时候，我们没有看清自己。

其实我们并没有那么喜欢钱，钱对我们来说也没有那么重要。

在真正的爱情面前，钱一文不值。

因为钱没了可以再赚，爱就唯独那一份，没了就是没了。

我也有自己吃不饱饭，但是暗恋的人找我借钱，我去借好姐妹的钱给他用的时候。

现在回想起来的确有点傻，因为现在连那个人在哪里做什么都不知道。

可是当时不一样啊，心里总想着他，就觉得他最好，为他做什么都可以。

◎

也记得六七年前，看到好姐妹失恋的样子。

那时候她二十几岁，初恋，后来分手，自己差点死了。

她每天在家里哭，回忆他们之间的点点滴滴，用刀片割手腕，觉得自己没有那个人真的活不下去。

她哭了一年多，某一天去翻前任的 QQ 空间，发现在他们分手之前，前任就跟他现在的女朋友好上了。也就是她被劈腿了。

自己还伤心了那么久，哭了那么久。

她的第一反应当然是大骂对方是个畜生，不要脸，太恶心了。

可是后来她还是不后悔爱过他。

结局是伤透了心，真相也着实恶心到了她。

但是他们的确相爱过，她真真切切地、不顾一切地爱过那个人。

她第一次坚定不移地相信自己可以跟初恋永远在一起，直到两个人都死掉。

爱过一个人，对方给你的憧憬、快乐、欣喜、希望太多了，多到即便后来你受了伤，被他捅了刀子，还是念念不忘。

现在好姐妹已经结婚了，找到了心上人。

她已经想不起自己的初恋了，只是她对自己的感情，从不后悔。

生而为人，或许还如张小娴说的那样："是爱情选择了我们，而不是我们选择了爱情。"

不管我们受多少伤，爱多少次，蠢过多少次，还是需要爱，还是想爱。

◎

越成熟越会看清爱情的真面目，它的确让人心灰意冷，却也依然让人欲罢不能。

身边的姑娘 C，每次都是真爱，每次爱起来，都像是初恋那样凶猛。羡慕之余，我觉得她是一个懂爱的人。

一个朋友曾经跟我说，他在爱情这件事情上，总是很不幸运，以至于他对恋爱开始心灰意冷。

我很想告诉他，也许在爱情里，我们的确没有那么好运，遇见第一个爱的人，就是对的人，就可以修成正果，携手白头。只是在看清了爱情的本质之后，我们依然要相信爱，要去爱。

因为一个人失去了爱他人的能力，才是最可悲的。

因为只有我们相信爱，才会得到永远。

• • •

总结：

1. 在付出过真心的事情上，都容易受伤，工作用了心，会沮丧；对家人朋友用了真心，有磕磕绊绊的时候也会失落。所以当我们选择去爱的时候，既要享受爱情带来的幸福，也要接受爱情带来的伤害。

2. 人们总说，像没受过伤那样去爱吧。其实我想说，不管在爱情里受了多少伤，还是要相信爱。因为世间事就是如此，只有你相信，才会抵达和拥有。

爱情不分对错，只有你情我愿

爱是一生的修行，这一生是缘是劫，只能我们自己去渡。

◎

对于爱情这件事，人只有在没爱过的时候，才敢轻易地说对错。

比如从前，男生不好好照顾女生，总惹她生气，我会告诉女生，分手吧，你可以找个更好的男朋友。

比如，我觉得有了女朋友或者男朋友的人，你不能去爱，这就是插足，这就是第三者，这就是天理不容。

爱过了以后才发现，爱情没那么简单。

第一，爱，是一切的基准，是必要条件，是重要因素，却不是全部。

第二，真的不是随随便便就能遇见一个爱你的或者你爱的人。所以，分手对很多人来说都需要巨大的勇气。

第三，习惯有对方存在时候的安全感。你曾幸福得连瓶盖都不用自己拧，不用洗衣做饭，上下班有人接送……突然有一天对方犯错了，需要你做决定要不要分手。这个决定还挺难做的。

第四，任何一段爱情，都不全是美好。相亲相爱的人也有争吵，更别提普通情侣、夫妻。知道在一起不容易，可是只要在一起，就会有摩擦。除非不在一起，少有交集。

男朋友经常觉得我在意的事情挺多的，比如上衣可以搭配什么裤子，哪双鞋子更好看，重活少做，少喝点酒……他急的时候，我会说："如果你不是我男朋友，你怎么样我都不会在乎。"这句话是真的。如果对方跟我没关系，我瞎操什么心？对他来说也是一样。所以就有磨合，磨合不好就有摩擦，继而上升为争吵、冷战，之后又和好……

第五，爱情的确不是游戏，需要我们有足够的耐心。慢慢就会发现，你不能用对方简单的行为举止来论证他爱不爱你，比如，他跟你在一起，不把你们俩的照片发到朋友圈；过马路的时候，他自己径直走在前面，不管你在哪里；他脾气比你大，比你任性，每次都要你先低头。即便这样，你都没办法说他不爱你。

有人的确永远不变，但也有人会慢慢改变。如果你有耐心，磨合争吵互相伤害后有机会修成正果；如果你没有耐心，磨合争吵心情不爽后把他甩了，那也就散了。

男生的成长的确需要很漫长的时间，也许是一生那么长。这样一想挺泄气的，可是年轻的时候，没几个人不需要爱。想要爱，自然也要承担爱情里的麻烦与琐碎。

第六，永远的确是奢谈。没恋爱的时候，我觉得自己要爱一个人一辈子，不像其他人那样分分合合。后来我发现，爱情里，十年，二十年，三四十年后什么样子，谁都不敢说。

即使跟第一次爱的人结婚了，幸福生活，也无法保证永远相爱，幸福下去。

一个比我大很多的前辈，她和丈夫很相爱，是我们羡慕的模范夫妻。一次她说，也许十几二十年后，就一个人过自由生活。

以前我会问她，为什么，老公那么好。现在我不问了，问了也没结果。

第七，年轻的时候无比需要爱，可能有一天你不再需要爱情这个东西。这种情况，我也见过。

第八，人性有时候比我们每个人想象的都难以控制。也许他知道那样做不对，也许他很爱你，可是他就是喜欢了一下什么人，犯了点什么错。也许你知道他很爱你，你也很爱他，可他还是会忍不住对别人动心。

爱是一生的修行，这一生是缘是劫，只能我们自己去渡。

只能说人与人之间不同，爱情的质量也会不同。在双方修养、智商、情商在线的前提下，对自己高要求，严标准，不触碰防线，明白生活琐碎的必然。尽量不争吵，若避免不了，就尽量做到不要冷战太久，不冲动，不幼稚，不任性。

爱情的确需要智慧，所以我们还有选择。找一个有智慧的人相爱，找一个懂爱的人在一起，幸福的概率就会很大。

最后，愿我们都能在爱情里绝处逢生，幸福快乐。

总结：

1. 爱情里很难分出谁对谁错，甚至没有值不值得。还在爱着的两个人，就像是周瑜打黄盖，一个愿打一个愿挨。

2. 不要对别人的爱情妄加非议，因为爱人的好，只有被爱过的那个人才知道。

恋爱之前想清楚，你要爱还是要钱

在这个人心孤独又物欲横流的时代，想要爱没错，想要钱也没错，
最怕的是，你不知道自己究竟想要什么。

◎

身边单身的姑娘不少，问她们想要找什么样子的男朋友，她们大多都说，能聊得来的就行，长相不难看就行，人品好就行……等到她们真的遇上长相一般，人品不错，也算聊得来的男生时，却发现对方没什么钱，这时候她们会变得很犹豫，到底要不要跟对方在一起。

这是为什么呢？对方具备了所有她们最初设立的标准，为什么还要犹豫？

我觉得大部分的原因是，这些姑娘在想恋爱之前，没想清楚自己到底是想要爱，还是想要钱。

毕竟在这个时代，如果你自己没想清楚自己要什么，又找了个没钱的男朋友，是一件很让自己尴尬的事情。

拧巴的人生不值得一过，拧巴的爱情也不值得一谈。

所以在你决心去爱一个人的时候，最好先想清楚，你到底是想要爱，还是想要钱。

也许你会遇见又有钱又有爱的人，但是这种人极少。

女明星之外，有女模特，女模特之外，还有女网红，所以周杰伦不会爱上我，只会和比他小 14 岁的模特昆凌在一起；所以《欢乐颂》里高富帅的老谭只会是安迪的知己，在安迪身后默默付出在所不辞，不会是我的任何人，哪怕在我最惨最绝望最痛苦的时候，他也不会拔刀相助；所以《我的前半生》里有资格和有权有势有能力的贺涵纠缠十年的，只有唐晶，而不是薇薇安，或者其他马路边什么随随便便的人。

稍微清醒一点，就会知道，遇见有钱又有爱的人，总是有一个大前提，那就是，你足够好，配得起那份爱。

◎

朋友 Vivi 跟她的男朋友在一起八年，初恋。她的男朋友就属于大多数女生要求的样子，人品好，长相过得去，聊得来，并且很爱她。

看过很多情侣在一起一年半载由于各种原因吵吵闹闹就分了；也看过很多情侣在一起几年之后，就开始互相厌倦、疲倦，力不从心；但是 Vivi 和她男朋友却始终如一，八年了，男朋友对她还是一如既往的好。

每天早晨都会给她做早餐，放在桌子上，等她醒来的时候吃；每次出差之前，会买一冰箱的食物，怕她自己在家饿着。

她男朋友的好，我们有目共睹。

可是 Vivi 经常说，你看看我男朋友，长得丑又没钱，像我这种条件，起码应该找个在北京有车有房的人吧。

Vivi 这样抱怨还不是一次两次，搞得我们以为她是真的对自己的男朋友不满，各种劝。说你男朋友多好啊，现在有几个男生能每天起来给你做早餐的？有几个男生是又工作赚钱交房租还房贷，又甘愿洗衣服做饭养活你的？

但 ViVi 还是对自己的男朋友很不满。逢人就说她男朋友长得丑又没钱。

直到有一天，碰见一个人说她男朋友的不好。

Vivi 马上反驳对方，甚至跟那个人大吵起来。

后来Vivi跟我说，我平时说他不好，其实就是想让你们夸他，即使他真的不好，也只能我说，其他人不能说他。

我们才知道，她的套路有多深。后来不管她怎么吐槽自己的男朋友，说他各种不好，我们也不接招了。

现在 Vivi 跟她男朋友已经领了证，结了婚。

曾经我们私下里想过，Vivi 的男朋友会不会在把她娶回家后，就来个大转变，从此每天虐她千百遍。结果很让我们失望，她男朋友对她还是那么好，甚至比从前还要好。

有一次 Vivi 和她男朋友吵架，她男朋友让她先吃饭，她死活不吃。

因为她一会儿要出门上课，她男朋友担心她不吃饭，会饿着，一直说，生气也要吃饭啊。

Vivi 出门的时候，男朋友送她出门。看她出门的时候，还说："你真的不吃点饭吗？"她"哐当"一声关上门，大声地说："不吃！"

这件事是她事后跟我说的，她说虽然那个时候很生气，但是关上门的那一刻，心里却是各种感动。

我想 Vivi 心里明白，比起钱，她更需要她男朋友给她的爱。

所以她才会和他在一起八年，所以她才会和他结婚成家，决定一辈子在一起。

那些不满，也就是说说而已。

◎

我和现在的男朋友在一起的时候，丹丹也是各种反对。

没别的，就是觉得他没钱（可怜天下姐姐心）。

那个时候男朋友研究生毕业，一直在考博士，考了两年总是差几分。遇见我的时候，他还在考博士。所以一直没有工作，也就没什么钱。

可能因为平时我比较拼，家人对我的期望很高，总以为我会找一个有钱又爱我的男朋友，没想到我竟然找了一个书呆子。

当我跟好姐妹说我找了这个男朋友的时候，她说："你怎么找同行啊，同行都穷得要死，还想给你找个身家几千万的男朋友呢。"

当我跟我爸说我要和他谈恋爱的时候，我爸也不同意。

对家人来说，没有丰厚的收入，怎么放心把自己的闺女交给他啊，所以我理解我爸。

当我跟一个特别好的朋友说的时候，他说："七月，一直希望你能找个更好的男朋友，替你分担一些，否则你自己太累了。"

在这些时候，我也动摇过，这个男朋友我到底找对了没有。

后来我仔细想了想，比起钱，我的确更需要爱。

需要一个人的关心、照顾，以及他给我的安全感。

所以我必须排除一切外界的干扰因素，踏踏实实地跟我男朋友好好在一起。

赚钱是辛苦，可是以我单身二十多年的血泪史告诉你们，**比起遇见一个真心爱你的人，赚钱真的容易多了。**

后来一个比我大的姐姐知道我有男朋友了，表示很欣慰。

接着她马上非常警觉地问我："七月，你男朋友不会跟你一样忙吧？"

我说："没有，还是我比较忙。"

她说："这样就好，否则你们俩就完了。"

是啊，如果我们俩都忙的话，他还怎么照顾我啊？

这个问题我问过我男朋友，他说，起码目前来说，他觉得自己最重要的事情，是找一个人相爱。所以他要专注爱情这件事。

一个人爱你，懂你，欣赏你，觉得你不可替代，只是没那么多的钱，你要不要爱？

◎

当然，也遇见过只是奔着钱去的姑娘，我也很欣赏她。

几年前遇见过一个姑娘，长得漂亮，身材也很好。外地人，在北京工作。对工作没什么要求，最好是活少不累的，钱少点没什么，够她自己开销就行了。

她当时的男朋友是北京人，两人在一起大概也就一个月吧，她就搬到男朋友家里住下了。

她说可能有的人会觉得她太随便了，但是她搬到他家以后就可以不用交房租，还有人给她做饭吃，挺好的。

有一回一个我们共同认识的女生问她："那你们什么时候结婚啊？"

她说："我们也没打算结婚啊。就谈恋爱呗。"

因为工作忙，我很少联系她，后来有一次聚会我见着她了，问她和她男朋友怎么样了。她说早分了，她现在住在一个高档小区，跟一个钻石王老五在一起。

她说："之前那个男朋友，不想伺候了，就换了一个。"

她说：“我就是喜欢钱，喜欢名牌包包，喜欢买衣服，但是又不能吃苦，不想自己去赚钱，找一钻石王老五也是我乐意。”

是啊，脸蛋是她自己的，身材是她自己的，生活也是她自己的。

不杀人不放火，不伤天害理，就是想让自己的日子过得舒服些，也没有什么错。

后来，经常在朋友圈看到她在健身房健身的照片，也看到她穿得花枝招展的照片，看起来过得很不错。那就是她想要的生活，我们谁也管不着。

◎

在这个人心孤独又物欲横流的时代，想要爱没错，想要钱也没错。

最怕的是，你不知道自己究竟想要什么。

在恋爱之前，不妨想清楚这件事情吧。那样在你选择了一个爱的人之后，就不会轻易因为外界的因素而动摇。你可以用一辈子，只爱一个没有多少钱，却视你为清风明月、用心爱你的人；也可以用自己的优势，去和一个能够给你优质生活的人在一起。

经过了那么长时间，经过了那么多事情，你还不明白吗？万事都在于你如何，你想要什么。你自己想明白了，才能够真正地快乐。

总结：

1. 在恋爱之前，想清楚自己是想要爱，还是想要钱。这样在一段恋爱关系中，会少很多纠结。

2. 所有人的不同声音，都只是对你爱情的建议，并不能左右你的爱情。就像我们的人生一样，输也要输在自己手上。

女生要优秀，但不要强势

女生太优秀了，会不会让男生有压力？答案是：不会。

女生太强势了，会不会让男生有压力？答案是：会。

◎

一个朋友说，他天生害怕跟那些优秀的女生相处，他觉得，那些优秀的女生，因为自己比别人优秀，说话声音总比别人高几个分贝，眼里容不下别人。在她们眼里，不仅自己是优秀的，并且其他所有人都没有她们优秀。这种女生，往往给他带来很大的压迫感，让他很难跟她们愉快地相处。

听朋友说完这些，惊讶之余，不免为优秀的女生惋惜。一个优秀的人，本来不是应该被人羡慕，受男生欢迎和喜欢吗？为什么现在反而被男生讨厌了呢？

不过优秀的女生不招人“待见”的例子，我身边还真有。

第一个例子，“好心帮倒忙”。

我有一个女性朋友，自身比较优秀，家庭条件也非常好。她很善良，也爱打抱不平，但是经常因此受气、受委屈。她常跑过来跟我埋怨，说她刚帮了谁谁，那人非但没有感谢她，还特别反感她，之后见面都不怎么跟她讲话。

每次我都会去安慰她，让她别那么生气，跟她讲，毕竟那些事情是别人的事情，最终还是要他自己去处理，谁也帮不了谁。

直到有一次，她来跟我埋怨的对象刚好我也认识。在她像往常一样噼里啪啦跟我说了一通之后，我也依然跟往常一样安慰了她，让她宽心。

出于大家都好的心态，我想有必要给那个认识的人打个电话，帮朋友解释一下。那个认识的人说：“我知道她是好心，也明白她是在帮我。可是她说话的语气，是一种教育别人的语气，我就不爱听。不管她说得多有道理，我一个字都听不进去。”

我这才明白，为什么我的那位女性朋友，总是出现“好心帮倒忙”“好心没办成好事”的情况。

成熟的人应该明白，很多人跟我们倾诉的时候，并不是为了寻求解决办法，他们可能只是单纯地想要发泄一下自己的情绪。基于这样的前提，如果聆听者再非常强势地把自己的观点和方法强加给倾诉的人，必然会招致倾诉的人的反感。

倾诉的人只会在心里想：“我只是想跟你倾诉一下而已，并不是想让你来教训我，告诉我应该怎么做。”

没有谁会真正地认为自己“技不如人”，现实生活中，如果你给出的建议不是出于理解、支持，而是某种强硬的灌输，没有人能够坦然接受。

如果你不能设身处地地站在他人的角度想问题，那么最好的办法是沉默，只听不说。或者如果你觉得是浪费时间，可以不听他们倾诉，去忙自己的事情。

像我这位好朋友，最后花费了自己的精力和时间不说，还被人落下话柄，是最不划算的行为。

◎

第二个例子，我“优秀”，所以我就应该有脾气。

丹丹曾经有一个女性朋友，也很优秀。直观地说，她的优秀，来自她长得很漂亮。“长得好看是优势”，这点必须承认。那个女生身高 1.72 米，体重 47 公斤左右，肤白，五官端正。追她的男生从上学时期到毕业之后进入社会，从来没停止过。是那种上大学的时候就经常有人开着宝马去学校门口接的姑娘。

她人不坏，但性格太暴，脾气大得让人无法忍受。

她交过不少男朋友，但长时间在一起的没几个。并且她跟男朋友最后分手，大多是因为他们受不了她的性格。

只要别人做的事情稍微不顺她的心，她就气不打一处来，看你各种不顺眼，张嘴闭嘴都在骂你是个傻 ×。

记得有一次我跟她一起去她住的小区楼下买吃的，在等饭菜打包期间，旁边有两个女生看了她几眼，她在付钱的时候，嘴里有几句没几句地就在嘲讽旁边的两个女生。

后来我们上楼之后，她跟丹丹还有另一个姐妹说：“刚才有两个女的长得那么丑，还盯着我看。当时如果是你们俩其中任何一人陪我下楼买东西，我肯定跟她们动手。”

她的确是会因为你放牙刷的位置跟她不一样，就跟你吵一架的人。在她的世界里，形成了一个可怕的观念：所有跟她不一样的，都是错的，低级的；所有顺着她的心的，都是对的，好的。

这也就能够想象，为什么追她的男生排排站，最后能跟她长时间相处的没几个了。

我想如果她能够改掉自己的坏脾气，对他人多一些包容，性格不那么尖锐，她应该会被更多的男生喜欢，而不是一直在恋爱、分手，又重新恋爱的循环里，不停地折腾。

的确，男生会因为女生长得漂亮就喜欢女生，追女生，一个劲地对女生好，但是也别忘了，想要保持爱情的长久，还是需要两个人合得来，相处得舒服。否则当爱情归于生活的时候，如果女生总是让男生觉得跟你在一起比较压抑、不开心，你觉得他还会爱你多久？

或许不管什么时候，我们都应该明白："一个人的优秀，永远不是一个人强势的理由。"

◎

1. 优秀是自己的事

往现实了说，你的优秀始终是你自己的事情，受益人是你自己；你努力工作，是为了自己能够赚更多的钱；你业绩出色，最终是你自己得到了更多的收益；你长得好看，最终会有更多的男生喜欢你。而这些都不会给别人带来直接利益。所以任何人都不应该为你优秀之外的强势买单。

2. 放平心态，最好能忽视自己的优点

李笑来说过，有时候我们忽略掉自己的优点，也是一件好事。当你忘记自己的优点，你就不会有一种比别人优秀、比别人强的想法，也不会总觉得别人都没你厉害，没你能力强。以平和的心态与他人和平地相处。

从某种程度上来说，减少自己的杀伤力，就减少了你与他人之间的矛盾。

3. 不要总去想着改变他人

强势的女生，多少会有点强迫症。总觉得别人做事不利索，或者想问题太简单。总是习惯性地给别人提意见、说方法。

事实上，没有谁能够真正地改变谁。一个人的改变，完全凭借他自己的心智能力。很多时候，我们应该学会适可而止、点到为止。否则你就会重蹈我那个好朋友“好心办坏事”的覆辙。

4. 优秀的人更应该温柔

因为工作的关系，我见过很多在某个领域里比较顶尖的人，他们性格大都很好，脾气温和，思想开明。从来不会故意刁难你，也不会随便贬低你。

我出版过作家林清玄的书。他 17 岁开始发表作品，20 岁开始出书，一生得过无数次奖，作品畅销百万册。但他整个人的精神气质和文字里传达的，都是一种温柔的力量。

他说：“我多么希望，我写的每一个字、每一篇文章都洋溢着柔软心的味道，我的每一个行为都有如莲花的花瓣，温柔而伸展。”

“不要求他人，只要求自己。”

“优秀且温柔。”

我想这是一个真正优秀的人应该做到的事。

最后的最后，女生别忘记了自己天生的优势，假如你优秀又美丽温柔，谁会不爱你？这才是人生赢家。

总结：

1.“她什么都好，就是脾气不好。”不要成为别人口中的这种人。你优秀又好看，善良又努力，凭什么要让脾气不好毁掉你？

2.不管个人有多大的成就，这都不是你对待他人傲慢的资本。你家财万贯，也不会随便拨给别人一分。所以，人心只对人心，你未必需要做到人人都喜欢你，但起码你要做到问心无愧。

别让什么人辜负你的深情

不知道你们有没有这样的感受，
曾经掏心掏肺做过的当时觉得自己永不后悔的事，
再回头看的时候，发现当初的自己怎么那么傻。
比如喜欢了一个不喜欢你的人，
比如为了喜欢的人放弃了自己的自尊。

◎

1. 找个可以帮你打开易拉罐的人

有一天我在家里自己开易拉罐的时候，突然想起了朋友小C，她曾经跟我讲过有关开易拉罐的做事。

那时候她刚毕业，和一个大学男同学住在同一个小区，一来二去就对大学男同学产生了好感。男同学长得不错，人品也不坏，但那个时候他有喜欢的人，跟小C只是很好的朋友。

两人好到什么程度呢？除了亲密接触外，情侣之间做的事情，他们都会一起做。比如周末一起看电影，工作日一起上下班，平时一起去超市买菜，一起逛街买衣服，认识对方的父母和兄弟姐妹、前男女朋友、公司同事，甚至有时候男同学会让小C和他正在追求的女生聊天。

只是，这些都有一个前提，那就是男同学在有自己喜欢的女生的时候，会消失不见，好些天不联系小C；在追求失败了，或者约不到喜欢的女生的时候，又会照旧来找小C陪他逛街、喝咖啡、吃饭、聊天。

小C加班的时候，男同学会在地铁站等她，一起回家；小C出差的时候，男同学大晚上会去车站接她；小C过生日的时候，男同学会陪她过生日，带她吃好吃的。

小C觉得男同学对自己很好，自己也要真心对他。于是她也会在男同学过生日的时候，精心准备礼物；在男同学生病的时候，给他买药、煲粥。

他们就这样在一个小区相处了一年，小C觉得自己喜欢上了男同学，只是不知道男同学是否喜欢自己，所以也不敢向他表明自己的心意。担心万一自己会错了意，男同学不喜欢自己，到时候连朋友都没得做了。但不得不说，当时的小 C，心里还是抱有一丝侥幸的。

后来因为工作的关系，小 C 从那个小区搬出来，跟男同学的接触也开始变少，但她的心里一直很想念跟他在一起相处的那些日子。

搬家后不久，男同学打电话让小 C 回去参加大学同学聚会。小 C 很开心，精心打扮之后参加了聚会。小 C 坐在男同学身边，其间她要了一罐可乐，在开易拉罐的时候，大拇指被易拉罐划伤流血了，还挺疼的。

坐在小 C 另一边的男同学，拿出了创可贴给小 C，让她贴上创口。

和小 C 关系好的男同学，在整个晚上吃饭的过程中，都没有问过小 C 划伤的事情，小 C 甚至想，他可能都没有看到自己的手指被划伤了。

那顿饭之后，小 C 再也没有联系过那个男同学，她跟我说，虽然那只是一件小事，但她知道那个男同学从心底是不关心她的。那一刻，她决定要好好爱自己，去找一个肯为自己开易拉罐的男朋友，再也不让自己受伤。

后来，小 C 遇见了为她开易拉罐的男生。直到遇见对她细细呵护的男朋友，她才幡然醒悟，真正的喜欢是两情相悦，是互相关心、互相照顾。

也是在这样的时候，小 C 以一个过来人的口吻跟我说，“七月，别让什么人辜负你的深情。”

◎

2. 一件让我不再喜欢你的小事

小 C 跟我讲完她的经历之后，我身上真的很离奇地发生了一件有类似感受的事情。

过年的时候，一个高中时关系比较好的男同学结婚，邀请我去参加婚礼。高中毕业之后，好些年没见过这位男同学，高中时我曾暗恋过的一个男生，和他是好朋友。

男同学的婚礼，那个男生也会去，因为男同学婚礼比较忙，事先跟那个男生打招呼，让他开车顺路来我家接我一起去参加婚礼。

婚礼举行的前一天，那个男生给我打电话。他说，明天早上 8 点左右他过来接我。我跟他说，早上 8 点太早了吧，中午 12 点才吃饭，11 点的时候我自己去吧。

下午的时候，新郎又给我打电话，问我怎么过去。我跟他说我坐公车去吧。我和他是关系很好的朋友，虽然有几年没见了，但我们彼此都知道，对方是那种一见了面还是感觉很亲密的人。

他听我要坐公车去参加婚礼，有些担心地说：“七月，我不想让你自己坐车过来，那趟车上的人太多了。”

后来他又安排了另外一个顺路的男同学接我去参加婚礼。

这只是一件小事，也许本不该成为我去评判自己曾喜欢过的男生值得不值得的缘由。只是我内心还是有些失落，一直以来我觉得我们三个人的关系一样好，新郎要结婚，忙着婚礼和自己的终身大事，还会关心我怎么过去，会想着不让我坐公车去；那个男生却在听到我要自己坐车去之后，爽快地挂了电话，什么也没说。

曾经我们三个人在一起的时候，要当新郎的这个男同学总是粗心大意，而那个男生会很细心地照顾我。我手机没电了，他可以直接把他的手机拿给我用；吃火锅的时候，他会帮我拿好蘸料，拆好筷子；走路的时候，他俩走得太快，他发现我在他们身后，会停下来等我；高考的时候，他发信息鼓励我好好考试；天冷的时候，他嘱咐我多穿点衣服……

在高中时，喜欢一个人的原因，总是很简单。那个时候，我只是单纯地觉得他很暖。

10 年过去了，再见的时候，才发现曾经的一切不过是自己的一场错觉。

是的，“若深情不能对等，愿那个爱得更多的人是我”，只是这个男生他不值得。

3. 别让他辜负你的深情

世上当然存在两情相悦之外的暗恋、单恋，只是我期望，你的深情不被他人辜负。期望，我们都可以遇见真心对待我们的人，在彼此相遇相识的时光里，能够得到坦诚相待。

而不是很多年后回头细想的时候，才发现，自己曾掏出的真心，他人从来没有放在心上。梦，也许可以是一场盛大的幻觉；爱，我只想要它真真切切地存在。

一个前同事，和一个比自己大 8 岁的男同事关系很好，一起吃饭，一起上下班，一起遛弯，一起看电影。在女生内心小鹿乱撞的时候，男同事辞职离开了北京。走之前，还不忘送给前同事告别礼物，把前同事感动得一塌糊涂。

只是过了半年，前同事从另一个同事那里得知，当时那个男同事辞职，是回老家结婚的。女朋友是 90 后，家里也很有钱，男同事回家做上门女婿去了。

前同事知道后，只觉得后背发凉，她不明白，那个男同事怎么可以做出这种事。

男同事走之前，她还跑了大半个北京城给他买了一双他喜欢穿的鞋子，她曾经费尽心思认认真真地送出去的礼物，以及自己的真心，都在瞬间灰飞烟灭。并且坐实了自己“傻得可以”的事实。

我们总要翻山越岭，才会遇见属于自己的白马王子，只是在没有遇见自己的灵魂伴侣之前，我期望你的真心不被辜负。人心是最复杂的东西，所以感情这件事并不简单，谁都可能会受伤，只是我们要爱了不悔才行。

记得有一个朋友说，有些人回想起来，你跟他相处的时光，就像吃了一只苍蝇一样难受。你是否也曾遇见过这样的人，有过相同的感受呢？

如果可以，把爱留给也同样爱你的人。

别让什么人，辜负了你的情深。

总结：

1. 爱自己是永远不可更改的人生信条，尤其是在爱情这件事上。你都不爱自己，你心爱的男生又怎么会好好来爱你？

2. 谁都有在爱情里犯傻的时候，如果你真的做了一些傻事，也无须难过和自责。下一次，对自己好一些，别让他再辜负你的情深。

第四章　拥抱自我

人生忽如寄，
抱紧眼前人

珍惜家人，珍惜朋友，珍惜你爱的和爱你的人。
那些你见过无数次的脸，有过无数次交集纠葛的人，
可能在某一天，你再也不会再见。

你还有可以说心里话的朋友吗

珍惜那些到如今还能和你好到不分你我的人。
不管岁月这把刻刀如何锋利、如何不饶人，也不要把他们弄丢了。

◎

某天我在公司加班累到精疲力竭，打车回家的路上，突然想给在老家十多年的闺密打个电话。当电话接通的时候，我听见她说："什么情况？"接着她问我是不是有什么事情。

这通电话我潦草地聊了几句就挂了，因为我有点难过，多年的好闺密，在接到我的电话的时候，会感到诧异和陌生。

从小学五年级相识，到后来上初中、高中，我们一路分享欢笑与痛苦，并肩长大。

后来上大学我们在不同的城市，她在山东，我在北京，我去山东找她，她也来北京找我。

我宿舍的姐妹把她当成我们宿舍里的一员，甚至毕业之后，她来北京找我，留在了北京。

我陪着她一起去各种学校找工作，陪她面试，陪她走很远的路，坐很久的车，陪她在连一床被子都没有的宿舍硬板床上哆嗦着过夜。那时候我们刚刚二十几岁，刚开始面临工作这个难题，那天北京雷雨轰鸣，我们蜷缩着躺在她即将入职的公司清冷的宿舍里。我以为她和我一样，永远都不会忘记那一天。

不管我们的生活在后来有没有变得更好，我们有没有变得更强大，我以为我们永远不会忘记当时的窘迫和恐慌。它在提醒我们，以后要过得更好，要成为很厉害的人。

后来她迫于家庭压力回了老家，刚开始那几年我们还经常通电话，我经常打电话给她说北京的情况，自己工作的苦累，一聊就能聊很久。

过了几年她在老家结婚了，去年又生了宝宝。

我们之间终于迎来了麻木和陌生，那个不管任何时候我都可以打电话过去痛哭一场、倾诉衷肠的人，终于在生活里彻底地消失了。

◎

单身的那些年，我无比想要找一个能够说说心里话的人。

于是我喜欢三观相投的朋友，喜欢志同道合的同路人。这些人可以让你在夜晚撕掉包裹自己的皮囊，用自己最真的心、最诚实的面孔，跟他或她分享或交流。

遇见相投的人，我们可以坐着聊一个晚上；遇见有默契的人，我们可以长久地共存。

可回头一想，那些曾经和自己一起彻夜长谈的人，将心比心的人，全都消失不见了。

直到有一天我异常痛苦和难过，想要找人倾诉的时候，才发现我没有可以说心里话的朋友。一阵心酸涌上心头，我开始想念那些无话不谈的朋友，他们如今都在哪里？在做什么呢？过得怎么样？

◎

我第一个想起的，是高中的好友 F。那个时候我们晚自习三节课有说不完的话，自习课、放学后、周末，我们都一直在聊天，乐此不疲。

就这样一直到我大学毕业，有时候我们通电话还可以讲四个小时。

那时候我们都无比庆幸，在这样冷漠的世间，还能有一个人能让我们打电话超过三个小时。

因为我们在一个地方长大，不仅两个人相识，两个家庭也熟悉，甚至共同的好友也很多。

这无疑拉近了彼此的距离，增加了彼此在陌生的城市里需要的亲近感。

我们要好到如同一个人，可是我们一直未曾在一起过。

他和我在不同的城市，我们只是聊天。

后来他在离我很近的地方工作，总以为我们会更加亲近，结果却是，我们变得互不联系，互不想起。

青春很容易逝去，可我们后来的努力又算什么呢?

我们互相倾诉工作的不容易，哪个人特别浑蛋，新认识的男生女生怎么样，彼此所在的城市又发生了什么新鲜事，自己的精神状态如何，梦想是什么……这些全都被时间席卷而尽，我们变得坚强，变得成熟世故，我们各有生活，我们忙着工作、赚钱，忙着结婚、生子、过日子，猛然回头时才发现，我们丢掉了一路上所有可以倾诉衷肠的人。

F 最后一次给我打电话是几年前的冬天。

他说自己终于定下来了，找个本地的姑娘结婚成家，一辈子就这样子了。

他说：“七月，你一定要嫁给爱情，你和别人不一样，你代表了我们的梦想。”

那天晚上打完电话，我无比心酸，我问我自己：“我能嫁给爱情吗？我又能不负所托吗？”

当曾经的挚友打电话来，说我和他不一样的时候，我们便拉开了距离。

我们的生活从此横亘了一条难以越过的深渊，于是我们都很识相地再也没有联系过彼此。

曾经那些一定要参加对方婚礼，要祝福对方的言语，也都一一飘散在风中。

◎

我们的确长成了一个历经风雨都不再轻易倒下的大人，只是我们却从来不是无坚不摧的。

我们依然需要知心好友，在自己跌倒失望的时候，能够想起，还有这样一个朋友在。

好朋友C结婚之前一直跟我们厮混在一起，她属于很晚才恋爱的人，所以跟我们一起厮混了很多年。直到她遇见现在的老公，恋爱、结婚、过日子。

在没有结婚之前，她经常来找我吐槽自己的领导，公司又进来了什么奇葩的同事，也会分享最近好看的电影、喜欢的包包、漂亮的手机壳。后来她找到了真爱，结婚了。在相爱到结婚的两年里，我从未再听见她说过工作上的任何事，生活也一片祥和，看起来只有幸福和甜蜜。

前不久的某一天，她突然说她要辞职了，现在的工作实在没意思。

前不久的某一天，她说她和老公吵架了，想来我家待一晚上。

从这以后，我们又开始了小规模的见面和聚会，吃饭、逛街、吐槽、出去玩。

包括我自己找到了心爱的人以后，在某些时刻发现自己还是需要朋友的时候，我才明白，我们这些从没爱过的人，想错了爱。

爱情并不是无所不能，爱人也果然不能无话不谈。

或者从另一个方面说，爱人无法给你所有的慰藉。

当然，任何人都无法完全慰藉我们，所以我们需要爱人，也需要说心里话的朋友。

即便在一段时间，我们被爱情冲昏了头，也会在漫长的生活里，苏醒过来。

◎

生活在北京这样的城市，人怎么会不忙碌，不疲惫。

只是我想，不要让筋疲力尽的自己变得冷漠和麻木。

不要让自己有一天想找个人说说心里话，却发现谁都不在。

珍惜那些到如今还能和你好到不分你我的人。

不管岁月这把刻刀如何锋利不饶人，也不要把他们弄丢了。

我们值得成为更好的人，可我们也永远需要最好的爱。

• • •

总结：

1.人心是一个无论如何都填不满的黑洞，年纪越大，成就越多，你越需要几个可以交心的朋友。

2.不管工作多忙，生活压力多大，都不要把自己的好友弄丢了。当然，不管你变得多么优秀，拥有多少金钱和权力，永远要拿真心去对待他们。

愿你这辈子活得无怨无仇

只愿在这有着生老病死、怨憎恨、爱别离、求不得的一生里，
我们谅解他人，也体谅自己，一辈子活得无怨无仇。

◎

小时候我和姐姐跟着父亲——一个有着诗人梦想的文艺男青年一起生活。本来男人就粗心大意，加上父亲又那么不接地气，可想而知，我们的生活过得有多糟糕。

幸好有爷爷奶奶不辞辛劳悉心照料我和丹丹，又得姑姑们的帮忙，在缺乏嘘寒问暖、百般呵护的日子里，我们也终于长

大成人。

只是，在这漫长的成长过程中，我多少是带着恨的。

恨父亲的不争，恨他的自私自利。

为了他的爱情，将我们抛之脑后；为了他的理想，将我们寄予旁人。

为此我挣扎过很多年，纠结过很多年，从14岁到22岁的8年里，我活得悲观而抑郁。我的世界坍塌过，因为父亲，因为支离破碎的家庭。我叛逆过，任性过，绝望过，怨天尤人过，自卑过，可怜过，甚至放弃自己过。

高中的时候，我不爱回家。那个时候父亲已经组成新的家庭，学校离家很近，我也只一周回一次家。那个时候，失去了家庭支柱的我，朋友却格外多。高中那几年，多半是在同学家里借宿度过的。

即便是每周回家一次，也要跟父亲吵架，惹得他大发雷霆。

每次我和他吵架，我都怪他自私，怪他不知道关心我，怪他没有爱情就会死。

怪他不能像别人的父母对待子女那样待我，怪他让我一生下来就要过上这样的生活。

所以我不回家，我不同他多说话，我不爱他。

后来高考，我每周回家一次的时候，他都会煲鸡汤，让我多补补身体。我也只是吃了饭就回学校，对他和家都毫无留恋。

高中的时候，我唯一的念头就是离开家，离开父亲，离开这个伤心的耻辱之地，去远方，去很远很远的地方，再也不回来。

所以高考最后一场考试结束的时候，我在人山人海的考场里号啕大哭。

老师和同学都以为我是考砸了，只有我自己知道，高考对我来说不算什么，离开这个地方才是我最想要做的事。

后来我真的离开了，来了我喜欢的城市——北京。

宿舍里的女同学，每周都会用宿舍的电话给家里打电话，问候家人。唯独我，从来没有买过电话卡，也从来不往家里打电话。大三之前的几年，我几乎没回过家。放假的时候，我出去做兼职，开学了就回学校。

对于我回家还是在外漂着，父亲依旧不会管我。我小的时候，他是无心看管；我长大以后，即便想管可能也管不了了吧。

这么多年，为了爱，为了恨，为了生活，为了自尊，我和他吵过无数次架，也恨过他无数次。也是等长大了才知道，原来一个人的人生里居然会有那么多的爱恨纠葛，让人久久无法平复。它何尝仅仅是个伤口，它是一个缺憾，是一个无法改变的选择，是一生的阴影，是永远无法平复的伤痛，是任谁也暖不了的寒冷。

◎

去年过年回家，我们又吵架了。本来只是一家人坐在一起聊聊天，说些高兴的事，可不知为什么，我心头突然涌出好多不平，好多委屈，当时一下子全都发泄了出来。父亲哑口无言，他只说：“现在我都这么大年纪了，你还要我怎样？”

我莫名其妙地流泪，汹涌地流泪。丹丹说：“他年纪大了，能够照顾好自己，照顾好家，健康平安地生活就已经很好了。”

那天晚上父亲还说：“小时候让你们吃了太多的苦，是我亏欠你们的。”

这是父亲第一次服输，我和他争吵了那么多年，每次都是“鱼死网破”，他从不说这样服软的话。难道真的是他已然老了吗？

那次争吵之后，流过眼泪之后，我在心里明白，我再也不会跟父亲吵架了，我再也不会怨他怪他恨他了。去年他的朋友来家里做客的时候，说可惜了父亲的才华，最后一生碌碌无为。我跟他说：“我的爸爸现在老了，我不求他别的，只要他开心就好了。”

其实我早就知道，面对短暂的生命，没有什么恨是不能抹平的，没有什么痛苦是过不去的。因为在短暂的生命面前，没有任何东西是留得住的。

恨他吗？如果有一天这个与你朝夕相处、让你爱让你恨的人，突然永远地消失了，离开你了，你还会恨他吗？我无数次地想过，答案是清晰的，我会想念他，我会哭，我会后悔。所以我无数次地劝慰自己，放下吧，都放下，珍惜现在的时光，珍惜每一次的相聚，每一次的别离。

由此，我也将这种心情，带到了生活和工作之中。

想一想，连父亲、家庭带给我们的创伤我都体谅了，还有什么是需要我一直耿耿于怀的呢？

◎

从前喜欢过一个男生，他做了伤我心的事情。当时下定决心，再也不会联系他，再也不会原谅他，删掉了所有关于他的联系方式和有关他的一切信息。

后来过了几年，他打电话过来认错，我却早已释怀。因为在与他隔着千里远的城市里，过着与他截然不同的生活，不管他说什么，或者什么都不说，假若再遇见，再碰面，我还是会微笑对他。

等到过了多年，时光日复一日更迭了几季，我心里念的，是那些美好却也回不去的往事。我想，毕竟一起走过了那么好的青春岁月，毕竟那些好的回忆都刻在了时光中、生命里。遇见他那一年，我们才 17 岁。17 岁啊，仅凭这个数字，我也要释怀放下啊。

后来原谅了，释然了之后，却再也不是亲密无间的人了。

到现在，终于各自过着各自的生活，天涯两忘。

从他身上，我也明白了一件事：曾经让自己欣喜疯狂的这样一个人，后来都被岁月抹平了，消失了，还有什么怨、什么仇是值得我们斤斤计较、念念不忘的呢?

又试想一下，多年之后各自成家，有了家庭，有了孩子，四五十岁再相见，除了唏嘘感慨，还剩下什么呢?

工作上也曾极讨厌一些人，每每提起都要气愤地骂对方是个傻 ×。

如抠门又神经的领导，爱打小报告、背后捅你一刀的小人同事，目中无人、践踏你自尊的客户，把你折磨得死去活来的合作方……这些人，哪个不曾令你恨得气得咬牙切齿?

可是后来你换了工作，身边换了一批人，你跟那个神经的领导可能变成了朋友，跟那个傻 × 的同事再无交集，跟那个折磨你伤害你自尊心的客户没有了往来，那些气愤、怨恨、不平，哪里还存在呢?

◎

曾经我出版一个明星的书时，被那个明星整整折磨了两年，哪怕已经半夜三四点，他拍完戏，就会发消息打电话给我。如果发微信我没有回应，就会打夺命连环 call 给我。不管我在干什么，也不管是在上班时间还是下班时间，是周末还是节假日，他要找我，我就要出现，要做事。

要求多而且奇葩，说话不客气，甚至明面上都撕破脸过，还是要忍气吞声做下去，做完，做好。自己当然哭过，无数次哭过。气哭过，累哭过，委屈哭过，那时在心里想着以后再也不做明星书了，出版完这本书就把他拉黑，再也不联系。

两年过去了，事情做完了，爱不在了，怨气也不在了，只剩下了被折磨过后的成长。后来也没有拉黑过他，也没有骂过他。在重新陷入了被合作方、被明星折磨气哭的境况时，才发现这些都不过是一个循环，是一个作为人要与其他人发生社会关系所产生的必然结果。

前一个人让你气得牙痒痒，下一个人来的时候，就不记得了，再或者在下下个人出现的时候，就全然忘却了。偶尔新年的时候，收到对方的新年祝福，也能平心静气地回复一句祝福的话。偶尔对方有需要帮小忙的时候，也乐于伸出援手。

时光让人健忘，从某一个方面来看，它是好意的。

我们活一辈子，会遇见无数的人，会经历无数的事，也许多半都是不开心、不如意的。如果我们全都要记得，那还怎么生活呢？

并且我相信人与生俱来只记得住美好的东西，会懂得珍惜，渴望爱，期盼圆满。不管被这个世界伤了多少次，还是要去爱的，还是想好好活下去的，这何尝不是一种强大。而这种强大，我们天生具备，是一件多么荣耀的事。

◎

爷爷去世那年，我刚好大学毕业。一直到大三的时候，我才一年回家两次，也顺便见他两次。他一生严厉，不爱笑，不爱同我讲话。每次见面也是寒暄甚少，交集很少。可是连我自己都没有预料到，当我醒悟我的爷爷彻底离开人世间、离开我以后，我内心非常痛悔。

因为跟父亲置气，我几年都不愿意回家。造成的后果是，我错过了那么多次与我亲爱的、最爱的爷爷见面的机会。也是在爷爷去世的那一年，我在心里开始学着原谅，原谅父亲，原谅母亲，原谅一切人、一切事。也是在那一年，我开始明白要珍惜，要温柔，要慈悲，要爱自己。

有句话说得好，“爱与仇人都会老去”。没错，那些我们挚爱的亲爱的、极恨的极怨的人与事，都会“老去”，会被时间风干，会被岁月抹平，会消失得无踪无影。

最终，只愿在这有着生老病死、怨憎恨、爱别离、求不得的一生里，我们谅解他人，也体谅自己，一辈子活得无怨无仇。

•••

总结：

1. 常伴自己身边的人，无须怨恨，一起共事的人，更无须计较。身边人，会陪着我们走过漫长岁月，漫长到你想恨都恨不起来。而一起共事的人，不在一起共事的时候，大多一拍两散，连一个影子都不留，何须费神。

2. 体谅他人，也是放过自己。看似是你不与他人争，其实也是你自己少受一些口角之争，减少些许不必要的心理折磨。

离开的人会在记忆里永生

那是我第一次也是最后一次看到爷爷哭，
他躺在床上蜷缩成一团，一边哭，一边翻滚着说：
“下次回来，你再也看不到你爷爷我了……下次回来，你们再也看不到爷爷了……”

◎

转眼间，爷爷已经去世四年多了。回到老家后，那些与他年年岁岁一起生活的日子，还历历在目。

因为爸爸是一个怀揣着诗人、作家梦想的人，在老家显得那么不切实际。

所有生活的重担，全都压在了老人身上。

爸爸出去打拼，需要爷爷支持；家中还有幼小的我和姐姐，多年来，也需要爷爷奶奶的照顾和抚养。

任何事情，都没来得及为他做。他走的那一年，我刚踏入社会，毕业工作。自己过得一塌糊涂，一事无成，甚至在那段时间里，为了一份稳定的工作，错过了跟他团聚的机会。

最后一次见到爷爷，是 2012 年 5 月 1 日，那个时候放假了，我和姐姐从北京赶回来看他。

那时他已经病倒了，躺在床上，骨瘦如柴。

那是我长那么大以来，爷爷第一次那么慈祥而温暖地跟我讲话。

而那一次，我怎么也没想到，会是永别。

记忆里的爷爷总是很严厉，从小如果我和姐姐不听话，或者是做事情不麻利，他就会打骂我们。

◎

小学的时候，爸爸不在家，我和姐姐的学费都是爷爷给。

记忆里每次去爷爷家要学费，我都在他的门前哭一上午，哭得昏天黑地。

中午的时候，爷爷不分青红皂白一阵拳打脚踢，把我打回家。

下午，他才会亲自把学费送给我。

多年后我问过爸爸，为什么爷爷那个时候要打我。

后来我知道，一年又一年的学费都是由他来出，他心里多少有点怨气。

爸爸不在家，他又不能不管我们，只好打骂两下，心里痛快些。

爷爷有三个儿子、五个女儿。

我的爸爸，拖累了爷爷奶奶整整一辈子。

曾经因为爷爷奶奶偏袒爸爸，二叔一家无数次找上门来，又吵又闹，骂爷爷奶奶偏心，只疼老大，钱全都给我爸爸花掉了。

2005 年，我 15 岁，第一次出远门，去北京。

爷爷担心我，临走的前一天晚上，在院子里反复叮嘱我，怎么坐车，不要跟陌生人讲话，带上除了买车票的钱之外，仅有的几十块钱，路上用。

长大后，很少有人这般呵护我。

长大后的我，非常独立，独当一面。在父母眼里，我懂事到不需要他们操什么心。

可是在我疲惫不堪的时候，我会想起爷爷对我的叮咛。

路上小心点啊，坏人多。

爷爷是一个非常会讲故事的人，10 岁的时候，爸爸就去南方谋生，我们跟着爷爷奶奶一起生活。

只记得夏夜的晚上，我们坐在星空下，爷爷一边抽着烟袋，一边跟我和姐姐说他年轻时候的经历，还教我们唱一些老歌。记忆里的牛郎织女星、银河，都是爷爷告诉我们的。每年七月七，牛郎织女鹊桥相会。如今回到家里，抬头看到天上的星，还会看到牛郎织女星与银河，但是我的爷爷已经不在了。

爸爸作为一个粗心马虎的文青，很不会照顾小孩子。

爷爷常讲，小时候的我，瘦极了，我能活着，就是老天保佑。

小时候的我，体弱多病，经常高烧晕厥，后来又患上了肺炎，久治未好。

在那样的年岁里，我岂能去苛求更多的关爱和呵护。

小学时，不论刮风下雨，都是我一个人上学放学，从没有人接送过我。

一直到高中，我仍然不习惯下雨天打伞。

我不爱自己，准确地说，在很长很长的一段岁月里，我不知道该如何爱自己。

后来爸爸回家，我们又跟爸爸一起生活。爷爷仍然是不断地照顾我们。

爷爷每次买了好吃的东西，路过我们家，就会停下车，将好吃的东西拿一些给我们，放在屋里的桌子上，然后一言不发地走掉。

那么多年，他给的永远是严厉的无声的爱。

爸爸和叔叔以及姑姑们，一直都很怕爷爷，都知道他脾气很大，人很严苛。

后来爷爷生病，全身疼痛难忍的时候，还动手打过奶奶。

爸爸不得不把奶奶接到我们家里。

爷爷检查出肺癌晚期之后，被病痛折磨了九个月。疼痛逐渐加剧，最终不得不用麻醉药为他减少痛苦。不能进食的他，浑身疼痛难忍，将自己全身都抓烂了。

那年五一我们回到家的时候，他只剩下一身皮包骨了。如今如果用一个词语来形容他的身体，我想就是“皮囊”。真的只剩下了一副皮囊。

◎

在他生病的前一年，我回老家。爸爸让我去家里的菜园里拔蒜苗。我手笨，把蒜苗全都拔断了。这个时候爷爷来了，我有点慌，怕他看见了骂我。

但那一次他异常和蔼。他蹲下来给我示范，告诉我应该怎么把蒜苗拔出来，什么样子的蒜苗更好吃。

那一次我着实受宠若惊，那么多年了，爷爷从来没有这般慈爱地对待我。以前如果我吃饭的时候坐姿不对，或者是筷子放得不规矩，他都会骂我。

放在以前，如果他看到我在他的菜园里把蒜苗全都拔断了，非要骂我不可。

那是个中午，有阳光，爷爷穿着黑色的外衣，拿着永远不离手的烟袋，戴着顶帽子。那是我和爷爷单独在一起的最后的中午。仅仅是一件微不足道的事情，让我明白，我长大了，我的爷爷苍老了。

2012 年 5 月 3 日，我们离开家。那天我永生难忘。

那是我第一次也是最后一次看到爷爷哭，他躺在床上蜷缩成一团，一边哭，一边翻滚着说："下次回来，你再也看不到你爷爷我了……下次回来，你们再也看不到爷爷了……"

那一次的哭泣，把我的整个心都哭碎了。

我亲爱的，最爱的，严厉了一辈子的爷爷，永远拿着鞭子，在一旁严厉监督我们干活的爷爷，如今为何哭得像个孩子？

奶奶在一旁默默坐着，不说话，也不流泪。而我知道，那一刻，那个屋子里的所有人，心都碎了。

我们为了所谓的生存，不得不再一次离开了我们的家乡，离开我危在旦夕的爷爷。

可是那个时候天真的我，一直以为噩耗永不会来。

回到北京之后，我再次陷入巨大的生活旋涡里，每天为了所谓的理想和追求卖命。

甚至有那么一些时刻，我都忘了爷爷还病着，曾经在我面前无助地哭过。

◎

2012 年 8 月 21 日 19 点，爸爸的电话还是打来了。

爷爷是第一个离开我的亲人，从小被他抚养长大，朝夕相处。何曾想过他会老，会那么老。老到不能动了，老到听不见了，老到彻底消失了。我何曾想过，这样一个熟悉的深爱的亲人，就这样从我的生命里彻底消失了。

那天晚上，我哭了一夜，我憎恨生命短暂和人世无情。

我的爷爷，我要他回来，我要他活着。我要下一次回家的时候，还能看到他坐在我们家的门前晒太阳，我还能再在菜园里遇见他，甚至哪怕回到小时候，我把喉咙哭哑，把眼睛哭肿，爷爷打我骂我都好，我只要他活着，他活生生的，可以走路，有心跳。

如果人的一生，所有付出的爱，陪伴的爱人，有一天都会彻底离散，那我们为什么还要去爱呢？我们为什么还要活着呢？我们为什么要经历，要有回忆，要那么疼，之后还要咬牙接受一切，像是什么都没有发生过一样，无坚不摧地拼命活着？

爷爷的丧事，我和姐姐再一次卑微地请假回来，为他送行。

在他下葬的前一天晚上，爸爸和叔叔们在灵棚里为爷爷守灵，我躺在爸爸身边，还有姐姐。我流了无尽的眼泪，我躺在那里，觉得那是我人生中经历的最寂静的夜。夜是那么黑，我的爷爷是那么安静，没有呼吸声。

从小到大我都害怕接近棺材，但是爷爷的棺材我不怕。我要陪着他，守着他，用爱，用眼泪。

第二天爷爷的棺材被抬走的时候，我跪在地上。那一刻我觉得地是那么冰冷，跟我的心一样。我看着爷爷的遗照，觉得他的脸让我好陌生。我的爷爷，从今以后，你我天人相隔，就剩下这一张冰冷的照片了吗？我把膝盖都跪疼了，我多想他永远在那里，他不要走，他还在我们家的门口，他一息尚存，他知道爸爸，知道叔叔，知道奶奶在，知道我和姐姐，我们都在，我们是一家人，我们相亲相爱。

◎

丧事办了三天，奶奶一直在我们家里的床上躺着，三天都没有出门看过一眼。

一直到爷爷下葬的那天，奶奶从家里的床上一路跪着爬着从屋子里爬出院子，爬到爷爷的棺材前，号啕大哭。

我的奶奶已经快 80 岁了，为何要让她经受这样的苦难？

后来我懂得了生死，我懂了生死离别，我怕奶奶病了，我怕有一天爸爸会离开我，我怕自己有一天也会消失得无影无踪。我还能爱吗？还是过着别无选择的人生而已呢？

爷爷走了，我经常会梦见他。清明我会回来看他，一年我也会回家三四次，经常看看奶奶。我太怕了，太怕长久不回家，什么人就不见了，我爱的人就没有了。如果是那样，我会自责，我会痛悔，为什么我不常回家看看他们，陪陪他们，多跟他们在一起。

我痛恨贫穷，痛恨离家太远，痛恨每一次回家，看到爸爸脸上爬满的皱纹。

我甚至痛恨每一次回家之后，对奶奶、爸爸拼命给予爱。为什么爱不是稀松平常的？为什么爱是如此奢侈的？为什么？

爷爷去世之后的几年，我们渐渐好起来。爸爸也好起来，可是我的爷爷不在了。他不在了，他永远不在了。不管以后我过得如何，我怎样活着，他都不在了，他看不到了，一如我看不到他了一样。我的爷爷。

我们还剩下什么，除了那些斑驳的我们一起生活过的老房子，狭窄不堪的小巷，面目模糊的道路，我们之间还剩下什么呢？

人走了以后，家人都很少提起。也不知是真的忘了，还是怕再伤心。

年前和爸爸一起去给爷爷扫墓，才又想起来我跟爷爷的点点滴滴。那个爱过我、呵护过我、打过我、骂过我、冷落过我、忽视过我的严厉的、可怕的、和蔼的、慈祥的，像个孩子一样的爷爷，他烙在我的生命里过，直到有一天我也从这个世界上消失了，在此之前，他一直存在着，在我的记忆里，在我的脑海里，在梦里，在未来的路上，在我的心底，我无数梦回家乡的夜里。

扫墓回来的路上，想到当年送走爷爷的时候，晚上我跟着爸爸去路上点灯，一路喊着爷爷，让他看着灯火，好认识回家的路。过年过节了，记得回来看看。

那天有风，有火，有泪，有我的爸爸，有我。

那是一条永远存在的回家的路，我的爷爷，如果你想家了，想我们了，一定记得沿灯火照亮的路回来。

我们都在家里等着你，永远。

◎

很多次，我都想彻底摆脱故乡。

直到现在我终于明白，如果离开了故乡，我就没有家了。我就是一个浪迹天涯的孤魂野鬼，世间富贵繁华，又怎能抵我心潮寒冷？

我爱着这片土地，爱着生我养我的亲人，爱着这里的每一条路，每一块石头。它有着我和亲人之间的记忆，也有着我年少时的回忆。唯独它们才能证明，我活过，年少过，孩提过，无知过，快乐过，后来又是怎样一步步地长大，离开了家，成了现在的我。

唯有故乡，让我午夜梦回。

也愿每一次我午夜梦回之时，都有爷爷在身边，呼扇着蒲扇，星星点点地抽着烟袋。跟我讲他年轻时候的故事，还有天上的牛郎织女星。

然后，夜要很静，跟爷爷离开的那天一样寂静，静到世界都停止。

只有我们，我和我的爷爷。

办完丧事离开家的那天早晨，秋风凛冽，我在心底暗暗发誓：如果有来生，我还是我，我的爷爷还是我的爷爷……

总结：

1. 有些事，错过了，就永远无法弥补。年轻的时候，除了想往外飞，还要在心里经常记挂我们的亲人，多陪陪他们。因为可能你一不留神，他们就彻底消失了。

2. 无论如何，初心不忘，故乡不忘，亲人不忘。

关于死亡这件事，我终于坦然接受了

有时候想想，我写作，热爱生活，努力工作，渴念爱，珍惜家人，
这一切的一切，都来源于我对死亡的恐惧。
人一旦懂得了死，才会想办法更好地生存。

◎

奶奶走了。

关于死亡这件事，我终于接受了。

这几天每一次醒来，都像是做梦一样。第一天我甚至以为天不会亮。可是那天早晨阳光灿烂，我醒了，感到饿，口渴，

有时冷，有时热。也是在那一天早上醒来，我也许是对人间有些失望，掉了些眼泪，就再也哭不出来了。

树木依然在发芽，冒出新绿；爸爸在跟周围的人讲话，忙东忙西；家还在，除了奶奶，所有人都还在。

守在她的灵前，我显得没有那么恐慌。一切伤痛都是实实在在的，不像在北京时看不到摸不着的想象与害怕。守在一个人的身边，真好啊，不管有着怎样的悲痛，你在她身边，就不显得那么绝望。要知道，在北京的时候，一个回忆的场景，都会让我泪如雨下。

无可置疑，我那么爱她。

每一次醒来后，都浑身疲乏。让我觉得自己的脑子根本转不动了，所以对死亡才会坦然接受。我没有像第一天那样无助地痛苦地哭号着无法接受这一切。我接受了所有毁灭般的场景，直到奶奶变成了一抔骨灰。

否则，趴在火化室门口哭得昏天黑地的一定是我；否则，趴在你身体上埋头默默流泪的人也一定是我。毕竟，我是一个泪腺那么发达的人；毕竟，我是一个因为一点点小事都会泪流满面的人。

你让我知道，人死如灯灭，人这一世，不过一捧灰。

从前我不愿意接受，不愿意面对，所以每当想到生命的终结，与人的生离死别，我都懦弱而无助。我会崩溃，彻底地崩溃。因为面对生命，我别无他法。就像此时我坐在这里写字，百年后，我就消失得无影无踪。这种恐惧一直伴随着我，让我时常变得软弱。

我无法接受亲人的离开，我对爸爸有一种偏执的爱，我甚至清楚地知道，如果他不在了，我会疯掉。就像姥姥去世以后，妈妈变得神经衰弱了一样，我只会更加脆弱。

◎

人生是一个循环，但是我抗拒它，我无法接受。

很小的时候，我就经常会想到死亡这件事。我记得自己偷偷躲在被子里，想到若干年后自己没有了呼吸，这个世界跟我再也没有关系，我是那么害怕。

开始的时候我以为家庭能给我支撑，后来我以为自己会找到共同面对死亡的伴侣。误打误撞般地我还拥有了不可磨灭的理想，于是在短暂的人生路上，这些不可磨灭的东西都成了我抵抗死亡的武器。我愿意尝试所有的办法，只是不愿接受这样的结局。

我很羡慕那些将生死想明白的人，尽管我不知道他们在暗夜里会不会哭泣，但起码他们表现得很无惧无畏。而生死对我来说，一直是个无法破解的难题。

有时候想想，我写作，热爱生活，努力工作，渴念爱，珍惜家人，这一切的一切，都来源于我对死亡的恐惧。人一旦懂得了死，才会想办法更好地生存。

奶奶走了，我还是我，我依然迎接每一个明天。我能看到天亮，能看到天黑，能看到阳光，也能感受到轻风。我知道，即使失去其他人，我依然会一样地活。我不可能完全崩塌，除非我也死了。否则，我要吃饭，要喝水，要同他人讲话，要继续活着。

丧礼上，不管爸爸走到哪里，我的眼睛都始终追随着他。他没有哭，他很忙。他现在做的所有的事情，等到若干年后，也许就是我要做的事情。那些事情在看着他去做了之后，我觉得没那么可怕。

把你最爱的人送进火葬场，捧着生你养你的人烧掉后的一把骨灰与骨头，还有那张我原本非常恐惧的死亡证明。

我还活着，还在担忧生活，还会担心身边的人，还在想着工作和其他什么。我的生活在继续，只是在奶奶这里断了。我的心骤然间变得没有那么敏感，不管谁握着我的手，也不管谁哭得像个孩子，我都没有流眼泪。

我不愿我这样接受，只是因为我累了，应该是我接受了，那该多好。

以后我远离他乡，不在她身旁的时候，我就会少一些害怕和绝望。

我应该接受，总有一天，爸爸也要走；我应该接受，总有一天，我也会离开；我应该接受，爸爸走了以后，我还能活着；我应该接受，我离开以后，将来我的孩子也会一切照旧。

我为什么一直不愿意接受这个事实呢？

我为什么不愿意接受生命短暂，只有这一生一世的事实？

我一直在为难自己，恫吓自己。

我在长夜里无数次地痛哭，为了让自己更加懂得人生，我变成了一个不快乐的人。

漫漫人生路，好像只能够依靠仅存的智慧活着，如果你想活得更好，你就需要不断地往自己的身上增添智慧。你本身快乐还是难过不重要，你的智慧会让你选择正确的方式生活。

从今以后，我是不是会减少无助的时刻。

如果我接受了死亡这件事。我的心能够平静些，不再那么爱，也不那么恨，尽可能地做一个常人。

甚至有些时候，我在迷恋绝望。

那个绝望的灰色的世界，好像有着能让我找到自己的安全感。每当我感到虚空、恐慌，我就奋不顾身地跌进绝望里，把自己撕碎、重组，然后像是充满了电量一样，更好地前行。每一次都是对生命本身巨大的考验和消耗。但我又有足够的信心，相信自己能挨过每一个难挨的关口，也明白所有的痛苦都不过是一剂苦口的良药。

对于黑暗、蜷缩、寒冷、不安的迷恋，我曾以为只是年少无知。

对于光明、温暖、爱、简单的向往，我曾以为只是暂未拥有。

大概我此生就是如此了，此生我都是一个心潮寒冷的人，此生我习惯把自己蜷起来，此生我缺乏爱，此生我向往光明。

当我承认了这一切，是不是人生会变得容易些。就像我承认了奶奶彻底地离开，是不是接受起来就会容易一些？那样我就不会声嘶力竭地哭了，那样我就能够在以后每一个没有她的日子里安稳地醒来。

我不会因为想起她喊我的名字时的声音，默默泪流；我不会因为想到曾经搀扶她的胳膊走路而以后再也没有机会了，泪流；我不会因为想到此生再无相见的时刻，泪流；我不会因为想到无法再触摸她的手、看她的眼睛，泪流。

我不会因为想起她的离开，对人生感到恐惧。

◎

成长就在一念之间，同崩溃如出一辙。

爱这个世界可能需要一生，但看清它或许只需要一刻。

当奶奶变成了一把骨灰的时候，我知道一切都没了。

被掏空了。

我只剩下无尽的疲乏和困倦。

我很想躺在没有波澜的水里，如果有力气，我就流泪，如果没有力气，我就那样安静地躺着。做一块浮木，随波漂流。

我不再害怕去没有奶奶住的房间，我不再害怕去走奶奶曾走过的路。就这样随风随水漂流，对一切都坦然接受。接下来的日子可能会好过些，只要我没有眼泪。

眼泪是距离崩塌最近的东西，一旦泪水涟涟，崩溃也就不远了。如果我没有流泪的话，我就不会崩溃，不会疼痛，不会悲痛欲绝。

甚至我用起这些灰色的词语时，它们都显得没有什么力量，它们只是一个个词语，没有任何含义。我无数次写到过“疼痛”这个词，只有这一次，我觉得它毫无意义。我曾无数次提及死亡，只有这一次，它毫无威慑力。

我接受了，所以我只在心里无数次地默念，“奶奶走好”。

只是我无法大声说话，我觉得一切都是轻轻的，风很轻，阳光很轻，人很轻，生命很轻，爱很轻，你也很轻。只有睡眠如此沉重。

我轻轻地活着，轻轻地过完余生。

总结：

1. 生死离别，是我们必经的成长。当亲爱的人消失了，我们除了悲痛，也应该铭记，人生苦短，珍惜当下人、当下事。

2. 懂得了死，才能够懂得如何生。死亡未到来之前，记得要用力地生活，认真地去爱。

人生忽如寄，抱紧眼前人

经历了生死别离，
才会让自己彻底醒悟，明白“珍惜”二字。

◎

看到一个曾经喜欢的明星去世的新闻，心头一紧。

昨天晚上回家的时候，还以为是谣传，扒了扒微博，很多人还说，如果是为了宣传新电影，如果是为了炒作，就要骂人什么的。毕竟这么突然，这么年轻，一切让人暂时难以接受。

看到那些明星半夜发的微博也都在说，不敢相信，不愿相信。

谁能相信每天活在你身边的人突然死去了呢，而且正值盛年。

有一个明星好友还说前两天这个明星还发微信说要聚一聚，回忆往昔。这就让人更不敢相信，这个前两天还说要见面的人，突然不在了。这种后怕的体会，会让人心麻。当我看到这个的时候，不得不想起亦舒说的这句话："人生忽如寄，抱紧眼前人。"

小时候，我以为爱就是爱一个人，恨就是恨一个人。如果你恨他，你就永远也不想原谅他。可是慢慢长大了，我发现人生苦短，这世间没有什么是不可原谅的。那个你恨的人，也许因为他参与你大部分的人生，在你的人生里曾扮演过重要的角色。与珍惜眼前人相比，恨又算什么。

◎

如果你恨的人哪天不在了，永远消失了，你可能会觉得他活着的时候，与你的每一次相处，都是珍贵的回忆。

我是时常害怕死亡的，尤其是当我想到亲人离世时，有一种分外的绝望，让我坠入黑暗与深渊里。我跟朋友说，如果他们不在了，他们曾经的一个动作，都会是我痛苦的理由。

比如已经去世的爷爷，曾经拿着烟袋杆在床上敲打的样子；

比如已经去世的奶奶，曾经站在太阳下，笑着喊我的名字。等到他们彻底不在以后，这些都成了我痛苦又珍惜的记忆，谁敢、谁愿相信呢，陪你走了一整个幼年、童年、青春的亲人，就这样彻底消失不见了。

你的人生是被他们参与过的，你如何甘心他们突然跟你断了一切的关系。

经历了生死别离，才会让自己彻底醒悟，明白“珍惜”二字。

珍惜家人，珍惜朋友，珍惜你爱的和爱你的人。

那些你见过无数次的脸，发生过无数种关系纠葛的人，可能在某一天，你再也不会再见。

有一阵子，我很喜欢这个明星，因为某部电视剧，还特意去关注了他的微博，紧密地关注过一阵子他的微博动态。

虽然后来没像当时那会儿那么关注他了，但毕竟也关注过这个人。即便没关注过他，没喜欢过他，看到生于1987年的明星突然去世，怕是谁都觉得背后发凉，心里难过吧。

总是在事情发生以后，我们才猛然发现，应该珍惜生命，应该爱护自己，应该珍惜他人。可是这种珍惜，如果用一个生命的消亡来换，代价是不是太沉重了？

并且多少活着的人，能长久地记住一个教训？

我们看过那么多人的生死，大多数变成刚开始或者一阵子甚至几年深受教训，活得勤勤恳恳、认认真真，可是没几年，我们又被打回原形，活得浑浑噩噩。

记得小时候看到过一个故事，一个年轻人去世了，他向神求情，说自己为什么那么年轻就死了，这不公平。神问他：“难道你在活着的某些时候，就没有想过让时间流逝得快一点吗？”

这个问题我也想过，甚至从看到这个故事以后，每次我嫌弃什么时间太长的时候，都觉得内心有愧。我没有好好珍惜和把握每一刻的时间，要知道，活着的每一分每一秒，对我们来说，都宝贵无比。

年轻人当然有想让时间过得快一点的时候，就像我们每一个平常人一样。

加班的时候，我们抱怨这个星期怎么会那么长。

等人的时候，我们气愤为什么时间过得那么慢。

上班的时候，我们总想着什么时候能快点放假，出去玩，或者回家休息。

上课的时候，我们想着什么时候下课，去食堂吃饭，或者回寝室睡觉。

天黑的时候，我们希望天快点亮；下雨的时候，我们希望快点晴。

年轻的时候，迫切地希望自己快点长大离开家，长大了以后嫌父母唠叨、有代沟，希望快点独立，离开他们生活……

即便我们知道时间宝贵，我们依然在某些时候催促着时间快点走。

或许我们要做到的不是克制，而是铭记。如果这是我们每一个活着的人必须经历的无法改变的情绪和期待，我们必须铭记在我们这样的情绪催促下，我们错过了什么，丢失了什么。

就像我们年轻的时候熬夜，不锻炼身体一样，我们可以选择熬夜，不去健身，可是你应该对后果心知肚明。以后你会因为年轻时熬夜过度，而身体变得吃不消；你会因为不锻炼，又活在长久的压力之下，无法拥有一个健康的身体。

你选择不去做，有不去做的千万种理由，最直接的理由无非是那些坏的结果不会马上到来。如果今天熬夜，明天人就会死，谁还会熬夜？如果今天不锻炼身体，明天就会残疾，谁会不愿意出去跑步？

◎

这跟我们知道天冷了要多穿衣服，否则就要感冒是一个道理。因为我们真实经历过，如果穿得少就要感冒，而感冒是非常难受的。可是我们还没有经历过，因为熬夜身体会垮掉的事实。

大多数都是听说，所以也就实行得不彻底。我之前讲过，真正的道理，都是人自己经历之后感悟出来的，那个时候他才会相信，道理是什么，作用在哪里。

一个成功人士说，他把每一天都当作自己的最后一天来过。

一个著名的作家说，他把每一个人都当作最后一面来见。

一个曾经失恋的人说，跟生死比起来，其他都是小事。

我不是让你时时刻刻都去想生死大事，只是我们应该将它埋藏在心中，我们应该因它而多少改变我们的心态和生活。起码我们可以由此去想，面对生命大事，我们真的学会好好去爱一个人了吗？是否可以减少无尽的争吵？我们真的学会活在当下了吗？是否能够更加珍惜当下的时光？我们真的学会好好爱自己了吗？是否可以减少通宵熬夜，偶尔锻炼一下身体？

让它给你对人对事对感情的态度，都带来一些改观。

那个明星的死，为什么那么多人觉得突然，觉得难以相信？因为他年轻，他跟其他人一样发微博，发微信，我们从来没想过这样一个活生生的人，会没了。我们对生死的意识还很浅薄。这容易让我们忘了好好珍惜。

如果我们对生命本身的意识强一点，也许我们的生活里会多一些包容，多一些原谅，多一些温暖，多一些爱。

抱紧你眼前的那些人，珍惜你当下的那些事。

总结：

1.生命比我们想象得脆弱，对生命的脆弱保有清醒的意识，每一天都值得我们认真去对待。

2.学会珍惜，远离后悔。不管我们飞得多高多远，过得多富贵自由，我们仍要学会珍惜身边那些重要的人，不要等到无法挽回时，无尽地忏悔。

图书在版编目（CIP）数据

放弃很容易，但坚持更酷 / 七月著. — 北京 : 中国友谊出版公司，2019.11
ISBN 978-7-5057-4712-8

Ⅰ. ①放… Ⅱ. ①七… Ⅲ. ①成功心理一通俗读物
Ⅳ. ①B848.4-49

中国版本图书馆CIP数据核字（2019）第069716号

书名 放弃很容易，但坚持更酷
作者 七月
出版 中国友谊出版公司
发行 中国友谊出版公司
经销 新华书店
印刷 天津旭丰源印刷有限公司
规格 880×1270毫米 32开
8.75印张 233千字
版次 2020年1月第1版
印次 2020年1月第1次印刷
书号 ISBN 978-7-5057-4712-8
定价 45.00元
地址 北京市朝阳区西坝河南里17号楼
邮编 100028
电话 （010）64678009

如发现图书质量问题，可联系调换。质量投诉电话：010-82069336